技能実習レベルアップ　シリーズ 1

溶　接

JN118807

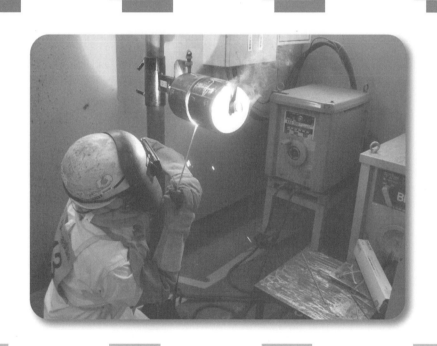

公益財団法人　国際人材協力機構

JITCO

は　じ　め　に

　この本は，技能実習が効果的に行われるよう，職種別の専門分野について解説したテキストで，毎日の技能実習で行う標準的な作業内容や手順，注意点などをコンパクトに纏めています。特に，技能実習生が受験する技能検定や技能実習評価試験に役立つよう内容に工夫を凝らしています。

　技能実習生に分かり易いものとなるよう，この本はできるだけ図や写真を多く盛り込み，漢字には「読み仮名」をつけております。また巻末に現場でよく使われる言葉を集めた「用語集」をつけています（ご協力をいただいた関連資料の引用文献一覧表も掲載しています）。

　技能実習用のテキストとして，また予習・復習などの技能実習生の自習用のテキストとして，あるいは技能検定や技能実習評価試験受験のための勉強用テキストとしてご活用下さい。

　技能実習生の皆さん，日本へようこそ！

　皆さんは日本での技能実習に大きな期待を抱いていることと思います。是非このテキストを利用しながら，技能実習中に分からないことや，疑問に思うことを技能実習指導員や職場の先輩方に質問し，多くの技能や知識を身につけて下さい。

　作業の安全と自身の健康に気をつけながら，皆さんが実りある技能実習の成果をあげられることを願っております。

公益財団法人　国際人材協力機構

目　　次

第5章　溶接部の試験と検査

第6章　安全衛生と災害防止

第7章　溶接実技

付録　トラブルシューティング

（参考）用語集（溶接）

技能実習生が目指す技能目標

溶接の現状

　溶接とは，鉄骨，橋等の構造物や，船，自動車，機械・部品等を製作する際に，熱を加えて部材を接合することである。溶接は工業化，産業発展の基盤技術として位置づけられている。溶接作業には次の3つがある。

①手溶接………全て人の手で行う溶接。

②半自動溶接………アークの制御は機械で行い，トーチの移動は人の手で行う溶接。

③自動溶接………アークの制御及びトーチの移動を機械で行う溶接。

　いずれも溶接機を使って作業するが，作業者自身の熟練とカンに頼る部分が大きい。特に，感電や換気には十分に配慮して，事故を起こさないよう安全作業を心がけなければならない。

　溶接には多種多様な方法がある。接合目的，製品，材料，構造に応じて適切な溶接法を選択しなければならない。溶接業界では，溶接品質の安定化，溶接作業の高効率化等によって自動化が進んでいる。最近では，ロボット溶接が普及して，ハイテクノロジーとしての溶接技術が確立されつつある。

溶接技能者の技能資格

　溶接技能者の資格は，強度を要する構造物の工事発注の際に，必須条件として要求されている。日本には，溶接の技能評価の国家資格はないが，外国人技能実習生を対象とした技能評価システムがある。評価システムはレベルに応じて「試験科目及びその範囲並びにその細目」が示されている。試験レベルは図1に示すように，高いものから上級，専門級，初級となっている。

　なお，溶接技能実習評価試験の試験科目及びその範囲並びにその細目を表1，表2，表3に示す。

目指す技能目標

　外国人技能実習生が第1号技能実習から第2号技能実習に移行する，または第2号技能実習から第3号技能実習に移行するためには，それぞれ初級（学科及び実技），専門級（実技）に合格しなければならない。また，第2号技能実習を修了する技能実習生は専門級（実技必須），第3号技能実習を修了する技能実習生は上級（実技必須）を受検しなければならない。

（レベル）	（技能及びこれに関する知識の程度）	（受検時期）
上級	中級の溶接技能者が通常有すべき技能・知識のレベル	第3号技能実習修了時点
専門級	初級の溶接技能者が通常有すべき技能・知識のレベル	第2号技能実習修了時点
初級	溶接職種に係る基本的な業務を遂行するために必要な初歩的な技能・知識のレベル	第1号技能実習修了時点

技能実習2号に移行するときは初級，技能実習3号に移行するときは専門級が対象になります。

図1　「溶接」技能評価のレベルと技能実習

表1 「溶接」技能評価試験科目及びその範囲と細目 [初級]

試験科目及びその範囲	評価試験の具体的基準及び細目
学科試験 1 溶接の一般知識 　　溶接法の種類	次に掲げる事項についての初歩的な知識を有すること。 　　1 溶接の方法及び長所・短所
溶接方法	受験者が選択した次の作業に掲げる事項についての初歩的な知識を有すること。 　【手溶接作業】 　【半自動溶接作業】 　　1 半自動溶接の原理と種類（セルフシールドアーク溶接以外） 　　2 シールドガスの種類 　　3 溶接ワイヤの形式と種類
溶接用語	次に掲げる事項についての初歩的な知識を有すること。 　　1 JIS Z 3001「溶接用語」の主要な事項についての基礎的知識
2 溶接機器の構造と操作 　　電気の知識	次に掲げる事項についての初歩的な知識を有すること。 　　1 電圧・電流（単位） 　　2 電圧と電流の測定
溶接機の知識	受験者が選択した次の作業に掲げる事項についての初歩的な知識を有すること。 　【手溶接作業】 　　1 アーク溶接機の種類と特徴（電撃防止装置） 　　2 溶接機の取扱い（接続・結線） 　　3 溶接機の点検及び保守 　【半自動溶接作業】 　　1 溶接機の据付と結線上の注意
3 溶接材料 　　溶接材料	受験者が選択した次の作業に掲げる事項についての初歩的な知識を有すること。 　【手溶接作業】 　　1 被覆アーク溶接棒の種類 　　2 被覆アーク溶接棒の保管・乾燥

	【半自動溶接作業】
	1　ソリッドワイヤ（マグ溶接用ワイヤ）
	2　フラックス入りワイヤ（マグ溶接用ワイヤ）
	3　ワイヤの保管・乾燥
4　溶接施工	
溶接施工	受験者が選択した次の作業に掲げる事項についての初歩的な知識を有すること。
	【手溶接作業】
	1　タック溶接
	【半自動溶接作業】
	1　タック溶接
	2　本溶接（前進，後進，下進，上進，防風対策等）
溶接欠陥とその対策（溶接用語）	次に掲げる事項についての初歩的な知識を有すること。
	1　ビード形状不良
	2　のど厚不足
	3　アンダカット及びオーバラップ
	4　ブローホール及びピット
	5　溶込み不良
	6　スラグ巻込み
	7　融合不良
	8　割れ
5　安全衛生と災害防止	次に掲げる事項についての詳細な知識を有すること。
	1　電撃による災害と防止対策
	2　アーク光災害と防護対策
	3　火傷，火災及び爆発と防止対策
	4　ガス及びヒュームによる障害と防止対策
	5　その他の災害（騒音，熱中症等）
実技試験	
次の各号に掲げる科目のうち，受検者が選択するいずれか一つの科目	
1　手溶接作業	(1)　溶接作業に対する安全衛生，災害防止の対策を適切に実行できること。
	(2)　交流アーク溶接機及び付属機器の取扱いができること。
	(3)　適切な溶接条件の選定（溶接棒の選定を含む）ができること。

	(4) 試験材の開先加工，調整，タック溶接（仮付け溶接）ができること。 (5) 中板のＶ形突合せ継手を下向姿勢で溶接ができること。 (6) 溶接部が外観上，判定指針に照らし合せ信頼性があること。
2　半自動溶接作業	(1) 溶接作業に対する安全衛生，災害防止の対策を適切に実行できること。 (2) 半自動溶接機及び付属機器の取扱いができること。 (3) 炭酸ガスボンベ等の取扱いが正しくできること。 (4) 適切な溶接条件の選定（溶接用ワイヤ及びシールドガスの選定を含む）ができること。 (5) 試験材の開先加工，調整，タック溶接（仮付け溶接）ができること。 (6) 中板のＶ形突合せ継手を下向き姿勢で溶接ができること。 (7) 溶接部が外観上，判定指針に照らし合せ信頼性があること。

表 2　「溶接」技能評価試験科目及びその範囲と細目［専門級］

試験科目及びその範囲	評価試験の具体的基準及び細目
学科試験	
1　溶接の一般知識 　　溶接法の種類	次に掲げる事項についての一般的な知識を有すること。 　　1　溶接法の分類 　　2　溶接の方法及び長所・短所
溶接方法	受験者が選択した次の作業に掲げる事項についての初歩的な知識を有すること。 　　【手溶接作業】 　　【半自動溶接作業】 　　1　半自動溶接の原理と種類 　　2　シールドガスの種類 　　3　溶接ワイヤの形式と種類 　　4　溶接の移行形態
溶接部の性質	次に掲げる事項についての一般的な知識を有すること。 　　1　溶接金属の溶融・凝固・冷却 　　2　溶接部の組織 　　3　残留応力と変形
溶接用語	次に掲げる事項についての一般的な知識を有すること。 　　1　JIS Z3001「溶接用語」の主要な事項についての知識
2　溶接機器の構造と操作 　　電気の知識	次に掲げる事項についての一般的な知識を有すること。 　　1　電圧・電流・抵抗・オームの法則 　　2　抵抗の接続 　　3　電力と力率 　　4　起電力，交流と直流 　　5　電圧と電流の測定 　　6　アークの一般特性
溶接機の知識	受験者が選択した次の作業に掲げる事項についての初歩的な知識を有すること。

	【手溶接作業】 　1　溶接機の特性 　2　アーク溶接機の種類と特徴 　3　溶接機の取扱い 　4　溶接機の点検及び保守 **【半自動溶接作業】** 　1　溶接電源の種類と特性 　2　ワイヤ送給装置と電源特性 　3　溶接電流・アーク電圧 　4　半自動溶接機の主な構成とその働き 　5　溶接機の定格・使用率 　6　溶接機の据付と結線上の注意 　7　溶接に際しての注意事項 　8　機器の保守・管理
3　鉄鋼材料と溶接材料 　　鉄鋼材料	次に掲げる事項についての一般的な知識を有すること。 　1　鋼 　2　溶接構造用鋼
鋼溶接部の材質変化	次に掲げる事項についての一般的な知識を有すること。 　1　鋼材の熱影響 　2　溶接部の組織変化 　3　溶接入熱 　4　炭素当量と硬さ 　5　予熱と後熱
溶接性	次に掲げる事項についての一般的な知識を有すること。 　1　低炭素鋼（軟鋼） 　2　中・高炭素鋼 　3　高張力鋼 　4　低合金鋼 　5　ステンレス鋼 　6　鋳鉄
鋼のじん性と遷移温度	次に掲げる事項についての一般的な知識を有すること。 　1　衝撃試験とじん性 　2　遷移曲線と遷移温度

溶接材料	受験者が選択した次の作業に掲げる事項についての初歩的な知識を有すること。 【手溶接作業】 1　被覆アーク溶接棒の選び方 2　被覆剤とその機能 3　被覆アーク溶接棒の種類 4　被覆アーク溶接棒の特徴 5　高張力鋼用被覆アーク溶接棒の使用上の注意事項 6　被覆アーク溶接棒の保管・乾燥 【半自動溶接作業】 1　ソリッドワイヤ（マグ溶接用ワイヤ） 2　フラックス入りワイヤ（マグ溶接用ワイヤ） 3　フラックス入りワイヤ（セルフシールドアーク溶接用ワイヤ） 4　セルフシールドアーク溶接の原理 5　セルフシールドアーク溶接用ワイヤの種類 6　ワイヤの保管・乾燥
4　溶接施工 　　設計図書	次に掲げる事項についての一般的な知識を有すること。 1　溶接記号 2　溶接継手設計上の注意
溶接施工	受験者が選択した次の作業に掲げる事項についての初歩的な知識を有すること。 【手溶接作業】 1　溶接作業前の準備 2　開先準備 3　溶接ジグの準備 4　タック溶接 5　溶接条件 6　本溶接 7　溶接棒 8　溶接後の処理 【半自動溶接作業】 1　溶接作業前の準備 2　開先準備 3　溶接ジグの準備

	4　タック溶接
	5　エンドタブ，磁気吹き
	6　溶接条件
	7　本溶接
	8　溶接材料
	9　溶接後の処理
変形と残留応力	次に掲げる事項についての一般的な知識を有すること。 1　溶接による変形の防止法 2　残留応力の除去法
溶接欠陥とその対策	次に掲げる事項についての一般的な知識を有すること。 1　ビード形状不良 2　のど厚不足 3　アンダカット及びオーバラップ 4　ブローホール及びピット 5　溶込み不良 6　スラグ巻込み 7　融合不良 8　割れ
5　溶接部の試験と検査 　　破壊試験	次に掲げる事項についての一般的な知識を有すること。 1　引張試験 2　曲げ試験 3　衝撃試験 4　硬さ試験 5　組織試験
非破壊試験	次に掲げる事項についての一般的な知識を有すること。 1　外観試験 2　磁粉探傷試験 3　浸透探傷試験 4　放射線探傷試験 5　超音波探傷試験 6　耐圧試験 7　漏れ試験

6 安全衛生と災害防止	次に掲げる事項についての詳細な知識を有すること。 1 電撃による災害と防止対策 2 アーク光災害と防護対策 3 火傷，火災及び爆発と防止対策 4 ガス及びヒュームによる障害と防止対策 5 高圧ガス容器の取扱い不良による災害と防止対策 6 その他の災害（騒音，熱中症等）
実技試験 　次の各号に掲げる科目のうち，受検者が選択するいずれか一つの科目	
1 手溶接作業	(1) 溶接作業に対する安全衛生，災害防止の対策を適切に実行できること。 (2) 交流アーク溶接機及び付属機器の取扱いができること。 (3) 適切な溶接条件の選定（溶接棒の選定を含む）ができること。 (4) 試験材の開先加工，調整，タック溶接（仮付け溶接）ができること。 (5) 中板のV形突合せ継手を下向姿勢で溶接ができること。 (6) 中板のV形突合せ継手を立向，横向，上向姿勢，或いは中肉管の水平及び鉛直固定の内一つの溶接ができること。 (7) 溶接部が外観上，判定指針に照らし合せ信頼性があること。 (8) 溶接部の強度が，曲げ試験を行った上で信頼性があること。
2 半自動溶接作業	(1) 溶接作業に対する安全衛生，災害防止の対策を適切に実行できること。 (2) 半自動溶接機及び付属機器の取扱いができること。 (3) 炭酸ガスボンベ等の取扱いが正しくできること (4) 適切な溶接条件の選定（溶接用ワイヤ及びシールドガスの選定を含む）ができること。 (5) 試験材の開先加工，調整，タック溶接（仮付け溶接）ができること。 (6) 中板のV形突合せ継手を下向姿勢で溶接ができること。 (7) 中板のV形突合せ継手を立向，横向，上向姿勢，或いは中肉管の水平及び鉛直固定の内一つの溶接ができること。

	(8) 溶接部が外観上，判定指針に照らし合せ信頼性があること。
	(9) 溶接部の強度が，曲げ試験を行った上で信頼性があること。

表3　「溶接」技能評価試験科目及びその範囲と細目 [上級]

試験科目及びその範囲	評価試験の具体的基準及び細目
学科試験 1　溶接の一般知識 　　溶接法の種類	次に掲げる事項についての詳細な知識を有すること。 　　1　溶接法の分類 　　2　溶接の方法及び長所・短所
溶接方法	受験者が選択した次の作業に掲げる事項についての初歩的な知識を有すること。 　【手溶接作業】 　【半自動溶接作業】 　　1　半自動溶接の原理と種類 　　2　シールドガスの種類 　　3　溶接ワイヤの形式と種類 　　4　溶接の移行形態
溶接部の性質	次に掲げる事項についての詳細な知識を有すること。 　　1　溶接金属の溶融・凝固・冷却 　　2　溶接部の組織 　　3　残留応力と変形
溶接用語	次に掲げる事項についての詳細な知識を有すること。 　　1　JIS Z3001「溶接用語」の主要な事項についての知識
2　溶接機器の構造と操作 　　電気の知識	次に掲げる事項についての詳細な知識を有すること。 　　1　電圧・電流・抵抗・オームの法則 　　2　抵抗の接続 　　3　電力と力率 　　4　起電力，交流と直流 　　5　電圧と電流の測定 　　6　アークの一般特性
溶接機の知識	受験者が選択した次の作業に掲げる事項についての初歩的な知識を有すること。

【手溶接作業】

1 溶接機の特性

2 アーク溶接機の種類と特徴

3 溶接機の取扱い

4 溶接機の点検及び保守

【半自動溶接作業】

1 溶接電源の種類と特性

2 ワイヤ送給装置と電源特性

3 溶接電流・アーク電圧

4 半自動溶接機の主な構成とその働き

5 溶接機の定格・使用率

6 溶接機の据付と結線上の注意

7 溶接に際しての注意事項

8 機器の保守・管理

3 鉄鋼材料と溶接材料

　鉄鋼材料

次に掲げる事項についての詳細な知識を有すること。

1 鋼

2 溶接構造用鋼

　鋼溶接部の材質変化

次に掲げる事項についての詳細な知識を有すること。

1 鋼材の熱影響

2 溶接部の組織変化

3 溶接入熱

4 炭素当量と硬さ

5 予熱と後熱

　溶接性

次に掲げる事項についての詳細な知識を有すること。

1 低炭素鋼（軟鋼）

2 中・高炭素鋼

3 高張力鋼

4 低合金鋼

5 ステンレス鋼

6 鋳鉄

　鋼のじん性と遷移温度

次に掲げる事項についての詳細な知識を有すること。

1 衝撃試験とじん性

2 遷移曲線と遷移温度

— 13 —

溶接材料	受験者が選択した次の作業に掲げる事項についての初歩的な知識を有すること。 【手溶接作業】 1　被覆アーク溶接棒の選び方 2　被覆剤とその機能 3　被覆アーク溶接棒の種類 4　被覆アーク溶接棒の特徴 5　高張力鋼用被覆アーク溶接棒の使用上の注意事項 6　被覆アーク溶接棒の保管・乾燥 【半自動溶接作業】 1　ソリッドワイヤ（マグ溶接用ワイヤ） 2　フラックス入りワイヤ（マグ溶接用ワイヤ） 3　フラックス入りワイヤ（セルフシールドアーク溶接用ワイヤ） 4　セルフシールドアーク溶接の原理 5　セルフシールドアーク溶接用ワイヤの種類 6　ワイヤの保管・乾燥
4　溶接施工	
設計図書	次に掲げる事項についての詳細な知識を有すること。 1　溶接記号 2　溶接継手設計上の注意
溶接施工	受験者が選択した次の作業に掲げる事項についての初歩的な知識を有すること。 【手溶接作業】 1　溶接作業前の準備 2　開先準備 3　溶接ジグの準備 4　タック溶接 5　溶接条件 6　本溶接 7　溶接棒 8　溶接後の処理 【半自動溶接作業】 1　溶接作業前の準備 2　開先準備 3　溶接ジグの準備 4　タック溶接

	5 エンドタブ，磁気吹き
	6 溶接条件
	7 本溶接
	8 溶接材料
	9 溶接後の処理
変形と残留応力	次に掲げる事項についての詳細な知識を有すること。
	1 溶接による変形の防止法
	2 残留応力の除去法
溶接欠陥とその対策	次に掲げる事項についての詳細な知識を有すること。
	1 ビート形状不良
	2 のど厚不足
	3 アンダカット及びオーバラップ
	4 ブローホール及びピット
	5 溶込み不良
	6 スラグ巻込み
	7 融合不良
	8 割れ
5 溶接施工管理	
溶接施工管理の重要性	次に掲げる事項についての詳細な知識を有すること。
	1 溶接の品質と工程
	2 品質保証
	3 溶接及び関連作業の管理
溶接施工管理の準備	次に掲げる事項についての詳細な知識を有すること。
	1 図面・仕様書の確認
	2 溶接法・機器の確認
	3 材料・溶材の確認
	4 溶接施工要領書の準備
	5 溶接及び関連作業者
	6 試験検査の適用
	7 作業環境・安全衛生
溶接施工管理の要点	次に掲げる事項についての詳細な知識を有すること。
	1 材料管理
	2 溶接材料の管理と吸湿防止
	3 継手形式と継手形状

	4　工程と自主管理・自主検査
	5　管理と記録
溶接及び関連作業	次に掲げる事項についての詳細な知識を有すること。
	1　加工
	2　組立手順
	3　溶接順序と溶着法
	4　溶接前の継手の状態
	5　溶接施工条件
	6　裏はつりと裏溶接
	7　溶接前後の熱処理
	8　溶接部などの仕上げと矯正
	9　天候・環境に対する配慮
欠陥の防止と補修	次に掲げる事項についての詳細な知識を有すること。
	1　溶接欠陥とその影響
	2　溶接欠陥と防止
	3　溶接欠陥と除去と補修
半自動溶接及び自動溶接	次に掲げる事項についての詳細な知識を有すること。
	1　半自動溶接の注意事項
	2　自動溶接の注意事項
	3　機器の取扱いと管理
6　溶接部の試験と検査	
破壊試験	次に掲げる事項についての詳細な知識を有すること。
	1　引張試験
	2　曲げ試験
	3　衝撃試験
	4　硬さ試験
	5　組織試験
非破壊試験	次に掲げる事項についての詳細な知識を有すること。
	1　外観試験
	2　磁粉探傷試験
	3　浸透探傷試験
	4　放射線探傷試験
	5　超音波探傷試験
	6　耐圧試験

	7　漏れ試験
7　安全衛生と災害防止	次に掲げる事項についての詳細な知識を有すること。 　1　電撃による災害と防止対策 　2　アーク光災害と防護対策 　3　火傷，火災及び爆発と防止対策 　4　ガス及びヒュームによる障害と防止対策 　5　高圧ガス容器の取扱い不良による災害と防止対策 　6　その他の災害（騒音，熱中症等）
実技試験 　次の各号に掲げる科目のうち，受検者が選択するいずれか一つの科目 1　手溶接作業	(1)　溶接作業に対する安全衛生，災害防止の対策を適切に実行できること。 (2)　交流アーク溶接機及び付属機器の取扱いができること。 (3)　適切な溶接条件の選定（溶接棒の選定を含む）ができること。 (4)　試験材の開先加工，調整，タック溶接（仮付け溶接）ができること。 (5)　中板のV形突合せ継手を下向姿勢で溶接ができること。 (6)　中板のV形突合せ継手を立向，横向，上向姿勢，或いは中肉管の水平及び鉛直固定の内，専門級試験で合格した溶接姿勢以外の内一つの姿勢の溶接ができること。 (7)　溶接部が外観上，判定指針に照らし合せ信頼性があること。 (8)　溶接部の強度が，曲げ試験を行った上で信頼性があること。
2　半自動溶接作業	(1)　溶接作業に対する安全衛生，災害防止の対策を適切に実行できること。 (2)　半自動溶接機及び付属機器の取扱いができること。 (3)　炭酸ガスボンベ等の取扱いが正しくできること。 (4)　適切な溶接条件の選定（溶接用ワイヤ及びシールドガスの選定を含む）ができること。 (5)　試験材の開先加工，調整，タック溶接（仮付け溶接）ができること。

	(6) 中板のV形突合せ継手を下向姿勢で溶接ができること。
	(7) 中板のV形突合せ継手を立向，横向，上向姿勢，或いは中肉管の水平及び鉛直固定の内，専門級試験で合格した溶接姿勢以外の内一つの姿勢の溶接ができること。
	(8) 溶接部が外観上，判定指針に照らし合せ信頼性があること。
	(9) 溶接部の強度が，曲げ試験を行った上で信頼性があること。

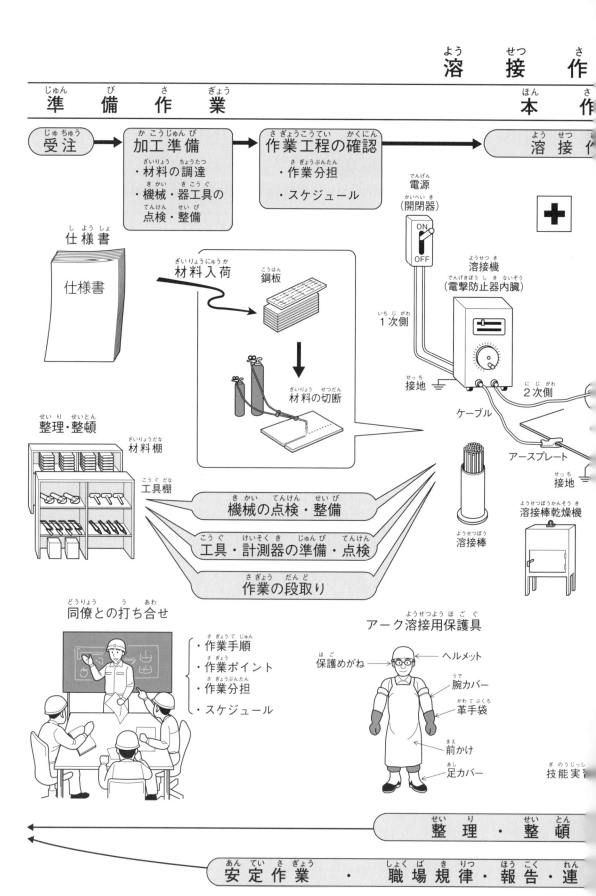

準　備　作　業

本　作

受注

加工準備
・材料の調達
・機械・器工具の
　点検・整備

作業工程の確認
・作業分担
・スケジュール

溶　接　作

電源
（開閉器）

ON
OFF

溶接機
（電撃防止器内臓）

仕様書

仕様書

材料入荷
鋼板

1次側

材料の切断

接地

2次側

ケーブル

整理・整頓
材料棚

工具棚

機械の点検・整備

工具・計測器の準備・点検

作業の段取り

アースプレート

接地

溶接棒乾燥機

溶接棒

同僚との打ち合せ

・作業手順
・作業ポイント
・作業分担
・スケジュール

アーク溶接用保護具

保護めがね

ヘルメット

腕カバー

革手袋

前かけ

足カバー

技能実

整　理　・　整　頓

安　定　作　業　　・　　職　場　規　律　・　報　告　・　連

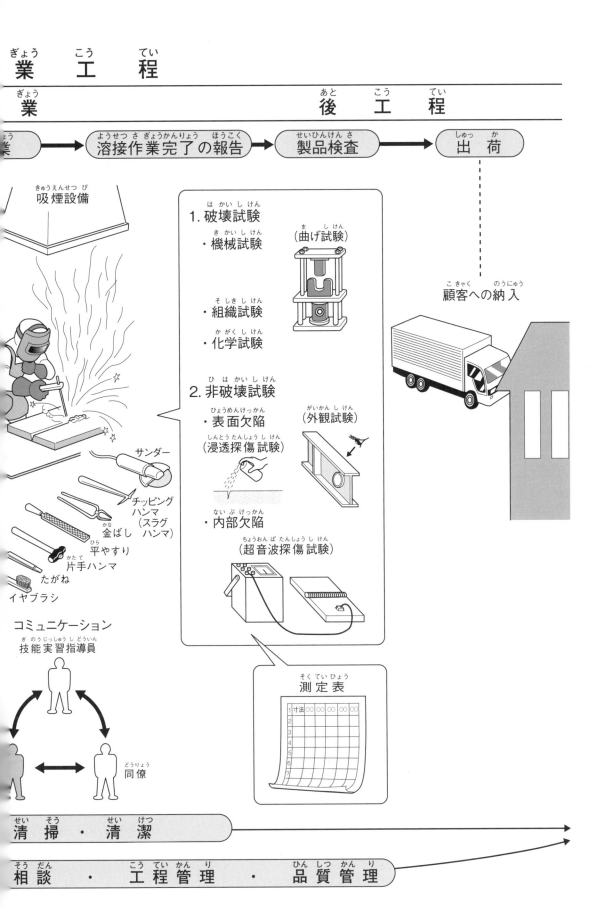

業　工　程

業　　　　　　　　　　　　　後　工　程

業　→　溶接作業完了の報告　→　製品検査　→　出　荷

吸煙設備

顧客への納入

1. 破壊試験
・機械試験　（曲げ試験）
・組織試験
・化学試験

2. 非破壊試験
・表面欠陥　（外観試験）
（浸透探傷試験）
・内部欠陥
（超音波探傷試験）

サンダー
チッピングハンマ（スラグハンマ）
金ばし
平やすり
片手ハンマ
たがね
イヤブラシ

コミュニケーション
技能実習指導員

同僚

測定表

清　掃　・　清　潔

相　談　・　工程管理　・　品質管理

第1章　溶接の一般知識

第1節　溶接方法の種類

1. 溶接とは

溶接は，主に金属と金属を接合する方法である。その方法には，融接，圧接，ろう接の3種類がある。

表1-1-1　溶接の種類

```
                  ┌── アーク溶接 ──┬── 手アーク溶接 ──┬── 被覆アーク溶接
                  │                │                  └── ティグ溶接
        融接 ─────┼── レーザー溶接 │
                  │                ├── 半自動アーク溶接 ─┬── マグ溶接
                  └── ガス溶接 ────┤                     └── ミグ溶接
                                   │
        圧接 ───── スポット        └── 自動アーク溶接 ──── サブマージアーク溶接

        ろう接 ──┬── ろう付け
                 └── はんだ付け
```

(1) 融接は，接合するところを溶融・凝固させて接続する方法である。
　　代表的なものに被覆アーク溶接，マグ溶接，ティグ溶接がある。
(2)　圧接は，接合するところに圧力を加えて接続する方法である。それには2つの方法がある。
　　① 接合するところに熱と圧力を加える方法として，スポット溶接がある。
　　② 接合するところに圧力だけを加える方法として，室温の状態で，圧力だけを加えて接合する。(常温圧接)
(3)　ろう接は，母材を溶かさないで，母材のすき間に低い温度で溶けるろう材を溶かして流し込むことによって接合する方法である。
　　ろう材には450℃以下で溶けるハンダ，450℃以上で溶ける銀ろうがある。

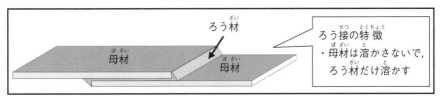

図1-1-1　ろう付けのイメージ

2.　溶接の長所と短所

　金属の接合にはアーク溶接法が多く使われている。タンカーなどの船を造るときにも使われる。この溶接法には，長所と短所がある。次の項目は，ボルト・ナット，リベット接合と比べた長所と短所である。

(1)　アーク溶接の長所

① 製品の重さを軽くすることができる。

② 母材よりも溶接部が強くなる。

③ 設計が簡単になる。

④ 穴開けなどの作業がない。

⑤ 安い費用で作ることができる。

⑥ どのような板厚でも接合できる。

⑦ 水や気体が漏れないものが作れる。

⑧ 接着剤でつなぐよりも強い。

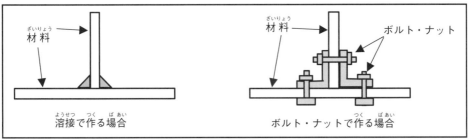

図1-1-2　接合の違い

(2)　アーク溶接の短所

① 熱によって，変形する。

② 溶接したところに力が残る。(残留応力　第4章4節4項)

③ 溶接部の組織が変わり，硬くなる。

④ 作業者によって溶接部の品質が異なる。

— 23 —

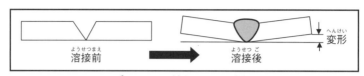

図 1-1-3　溶接による変形

3. 溶接の特殊性

　　「ISO　9000シリーズ」(品質管理及び品質保証 に関する国際規格) により，溶接は，溶接後の試験や検査を十分に行っても，その品質を保証することが難しい加工である。そのために，溶接は特別な作業 として次の3点を守ることにしている。

① 　正しく作業ができる溶接条件表とその作業内容を前もって分かっていること。

② 　作業ができる技量資格を持っていること。

③ 　溶接作業を行った後，その作業内容を書いておくこと。

4. 溶接方法

　　溶接方法には，電極と母材を溶かしながら行う方法がある。その代表的な方法に被覆アーク溶接と半自動マグ溶接がある。

　　また，電極は溶かさずに母材をアークで溶かして溶加材を加える方法がある。その代表的な方法にティグ溶接がある。

(1) 被覆アーク溶接

　　被覆アーク溶接の構成は，図 1-1-4 の通りである。

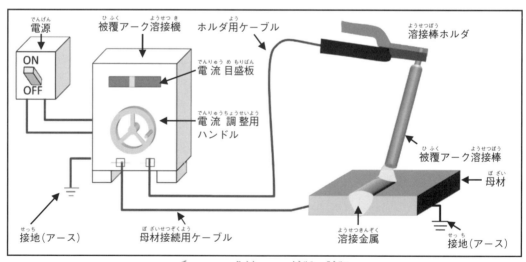

図 1-1-4　被覆アーク溶接の構成

被覆アーク溶接は，アーク溶接の中でも，初めに実用化された溶接法である。この溶接法は，心線に被覆剤（フラックス）が塗られた被覆アーク溶接棒の先端からアーク（約5000～6000℃）を発生し，母材を溶かして（約1500℃）溶融池を作る。同時に心線も溶け，溶滴となって溶融池に入り，冷却・凝固することにより溶接金属を作る。この時，大気から空気が入らないように，被覆剤からシールドガスが発生する。同時に溶融池をスラグ（溶けた被覆剤）で覆っている。また被覆剤中の脱酸剤によって溶接金属中の酸化物の酸素を取除いている。そのため，スラグは被覆剤と酸化物でできている。この被覆剤の溶けたものと酸化物が溶接金属の表面にスラグとなって覆う。このスラグによって，冷却速度が遅くなり，溶接ビードが美しくなる。そして溶接金属は優れた金属になる。また，被覆剤はアークを安定にする働きもある。

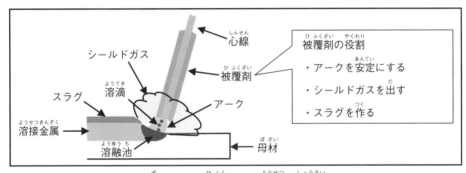

図1-1-5　被覆アーク溶接の詳細

　被覆アーク溶接の特徴について，長所と短所を以下にまとめる。

a．長所
① 溶接機の値段が安い。
② 風がある場所でも使用できる。
③ 溶接機の取扱いが簡単。

b．短所
① 厚板などの溶接に時間がかかる。
② 溶接の技能を習得するために時間がかかる。
③ 溶接棒は，乾燥して使う。

(2) 半自動マグ溶接
　半自動マグ溶接の構成は，図1-1-6の通りである。

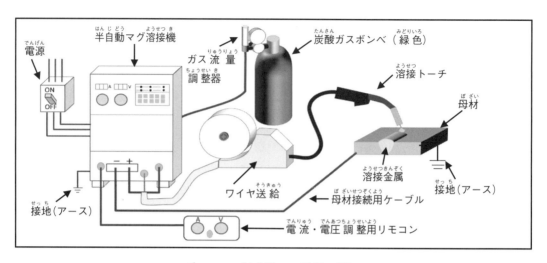

図 1-1-6　半自動マグ溶接の構成

　半自動マグ溶接法は，溶接ワイヤを溶接部に送り，溶接ワイヤと母材の間にアークを発生する。その時，溶融池の周りにシールドガスを流し，空気が入ることを防ぐことによって溶接ができる。一般的に半自動アーク溶接とも言われる。

　使用する溶接ワイヤには，ソリッドワイヤとフラックス入りワイヤがある。また，シールドガスには炭酸（CO_2）ガスやアルゴンガスと炭酸ガスの混合ガス（80% Ar ＋20% CO_2）が使用される。

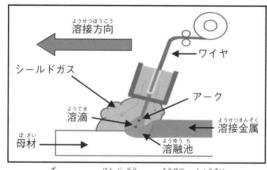

図 1-1-7　半自動マグ溶接の詳細

　半自動マグ溶接の特徴について，長所と短所を以下にまとめる。

a.　長所

① 能率が良いので，製作費がやすくなる。

② 溶込みが深い。

③ 開先角度を小さくできるため，変形が少ない。

b.　短所

① 風の影響を受けやすい。
② 溶接機の値段が高い。
③ ワイヤ送給装置の取扱いが難しく, 溶接時のトラブルが多い。

(3) ミグ溶接

半自動マグ溶接のシールドガスに使用される炭酸（CO_2）ガスや炭酸ガスとアルゴンガスの混合ガス（80% Ar + 20% CO_2）の代わりに, 全く化学反応をしない不活性ガス（Inert Gas）のアルゴン（Ar）ガスやヘリウム（He）ガスを使った溶接方法がミグ溶接（Metal Inert Gas Welding）である。

a. 長所
① 酸化しやすいアルミニウム合金やステンレス鋼の溶接ができる。

b. 短所
① 風の影響を受けやすい。
② 溶接機の値段が高い。
③ アルゴン（Ar）ガスやヘリウム（He）ガスの値段が高い。

(4) サブマージアーク溶接

サブマージアーク溶接は, 送給装置で送られてくる太いワイヤの周りをフラックスで覆い, 大電流のアークがワイヤと母材を溶かす接合方法である。フラックスは溶けてスラグとなりアークや溶融金属を覆うので, 空気が入らない。これらの溶接装置を自動で動かすので能率が良い。

一般的に溶込みが深く, ビード外観がきれいで, 溶接の品質がよい。またアークの光が出ないので, 遮光保護具は使わない。さらにヒュームもほとんど出ないので作業環境もよい。しかし, 開先の精度が必要になる。また溶接姿勢が下向や水平姿勢に限られる。

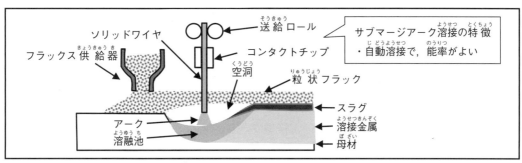

フラックス供給器
ソリッドワイヤ
送給ロール
コンタクトチップ
空洞
粒状フラック
スラグ
アーク
溶融池
溶接金属
母材

サブマージアーク溶接の特徴
・自動溶接で, 能率がよい

図 1-1-8　サブマージアーク溶接

(5) ティグ溶接

ティグ溶接の構成は，図1-1-9の通りである。

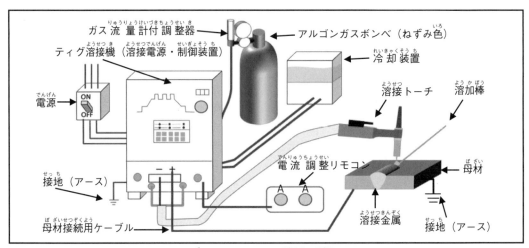

図1-1-9　ティグ溶接の構成

　ティグ溶接は，電極に融点（約3400℃）の高いタングステン（Tungsten）を使い，その先端からアークを発生し材料を溶かす。その溶かされた溶融池を酸化させないように不活性ガス（Inert Gas）のアルゴン（Ar）ガスやヘリウム（He）ガスによってシールドする。作業によっては，溶加棒を溶融池に加える。

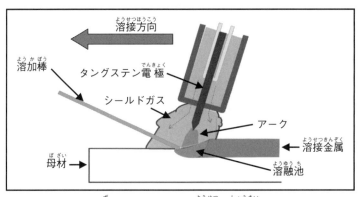

図1-1-10　ティグ溶接の詳細

　ティグ溶接の特徴について，長所と短所を以下にまとめる。

a．長所

① 欠陥が少なく，品質の良い溶接ができる。

② スパッタが発生しない。

③ アルミニウムやチタンの他，ほとんどの金属の溶接ができる。

b. 短所

① 能率が悪い。

② アルゴンガスを使うため，製作費が高くなる。

③ 溶接機の値段が高い。

(6) スポット溶接

スポット溶接の状況を示したのが図1-1-11である。母材を重ねて溶接部の上下から銅合金製の電極ではさむ。電極に電流を流すと母材と母材の触れているところが加熱する。その時，同時に圧力をかけて溶接する。この溶接されたところをナゲットという。スポット溶接は，電車，自動車，家庭用品等，薄板の溶接に多く使われている。

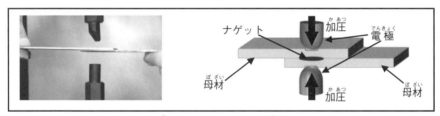

図1-1-11　スポット溶接

(7) ガス溶接

アセチレン（C₂H₂）ガスと酸素（O₂）ガスを混合して燃やすと，約3100℃の高温が得られる。この熱を利用して母材を溶融させて接合する。板厚の薄い鋼材の溶接に使用される。

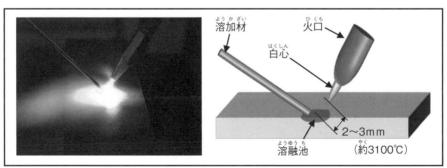

図1-1-12　ガス溶接

(8) レーザ溶接

レーザ溶接は光をレンズによって集め，これを集中させることによって高温に

なる。この熱を利用して母材を溶融させて接合する。薄板の溶接に使用される。

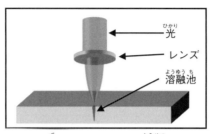

光

レンズ

溶融池

図 1-1-13　レーザ溶接

第2節　溶接部の性質と名称

1.　溶接部の性質

　　溶接部とは，図1-2-1の溶接金属及び熱影響部を含んだ部分である。溶接金属とは，溶接部の一部で，溶接中に溶かされて固まった金属である。また，熱影響部とは，溶接・切断等の熱で，組織，金属的性質及び機械的性質等が変わった所である。

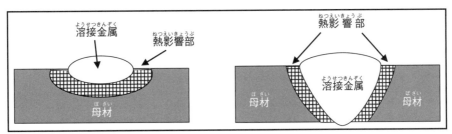

図1-2-1　溶接部の熱影響部

2.　溶接部の名称

　　余盛とは，図1-2-2の母材表面から盛り上がった金属の部分である。余盛高さは制限される。

　　溶込みとは，母材表面から溶かされた深さである。

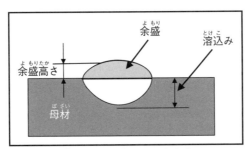

図1-2-2　溶接部の名称

第1章　確認問題

基礎問題

（1）　溶接で作った製品は水がもれる。

（2）　タンカーなどの船を造るのに，溶接は使わない。

（3）　溶接は，ボルト・ナットでつなぐ方法よりも簡単につなぐことができ，安く作ることができる。

（4）　溶接は，ボルト・ナットでつなぐ方法よりも製品の重さを軽くすることができる。

（5）　溶接すると変形しない。

（6）　溶接すると，その周りの金属の組織が変わる。

（7）　溶接する人によって溶接部の品質が違う。

（8）　接着剤の方が溶接よりも強い。

（9）　溶接部の方が母材よりも硬い。

（10）　溶接部分の断面を示したものである。①のところを溶接金属という。

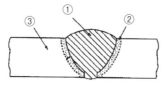

溶接部の断面マクロ組織

（11）　溶接部分の断面を示したものである。熱影響部とは，②の部分であり，溶接，ガス切断等の熱で母材が溶けたところである。

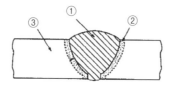

溶接部の断面マクロ組織

（12）　溶接部分の断面を示したものである。③のところを母材という。

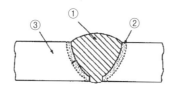

溶接部の断面マクロ組織

(13) 図は，溶接部分を示したものである。余盛とは，②の母材 表面よりも盛り上がった金属の部分である。

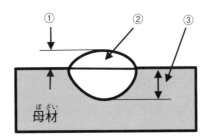

(14) 図は，溶接部分を示したものである。溶込みとは，③の母材 表面よりも溶かされた深さである。

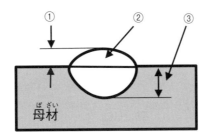

(15) 溶接部分を示したものである。余盛高さとは，①の部分である。

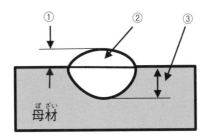

応用問題

（1）　融接は，母材を溶かして接合する。

（2）　圧接は，圧力を加えて接合する。

（3）　ろう接は，ろう材と母材を一緒に溶かす。

（4）　溶接は，融接，圧接，ろう接に分けられる。

（5）　熱影響部とは，溶接棒やワイヤが溶けた金属である。

（6）　被覆アーク溶接は，母材を溶かして接合する。

（7）　レーザ溶接は，母材に圧力を加えて接合する。

（8）　スポット溶接は，母材に圧力を加えて接合する。

（9）　ろう付は，二つの母材の間にろう材を流しこんで接合する。

（10）　被覆アーク溶接棒に塗られている被覆剤は，アークを安定にする。

（11）　ティグ溶接は，アルゴン（Ar）ガスを使う。

（12）　半自動マグ溶接には，シールドガスを使わない方法もある。

（13）　サブマージアーク溶接は，炭酸（CO_2）ガスを使う。

（14）　アルゴン（Ar）ガスは，ミグ溶接に使う。

（15）　アセチレン（C_2H_2）ガスは，ガス溶接やガス切断に使う。

（16）　炭酸（CO_2）ガスは，スポット溶接に使う。

（17）　被覆アーク溶接棒は，被覆アーク溶接に使う。

（18）　スポット溶接は，厚板の溶接に使われる。

（19）　ティグ溶接は，ステンレス鋼やアルミニウムの溶接に使われる。

（20）　半自動マグ溶接は軟鋼の溶接には使われない。

（21）　サブマージアーク溶接は自動溶接だが，能率が悪い。

（22）　アルミニウムは，ティグ溶接やミグ溶接で接合する。

（23）　ステンレス鋼は，ガス溶接で接合する。

（24）　軟鋼は，半自動マグ溶接で接合する。

第1章　確認問題の解答と解説

基礎問題

（1）　×　溶接で作った製品は，密閉性がよい

（2）　×　船は溶接によって造られる

（3）　○

（4）　○

（5）　×　溶接すると熱によって変形する

（6）　○

（7）　○

（8）　×　溶接部は，母材よりも強い

（9）　○

（10）　○

（11）　×　熱影響部は，溶けていないで組織が変わった部分である。

（12）　○

（13）　○

（14）　○

（15）　○

応用問題

（1）　○

（2）　○

（3）　×　ろう接は母材を溶かさないで，母材よりも溶ける温度の低いろう材を溶かして，
　　　　　母材のすき間に流し込むことによって接合する。

（4）　○

（5）　×　熱影響部は，溶接するときの熱で母材の組織が変わったところ。

（6）　○

（7）　×　レーザ溶接は，光を集中させたエネルギーで母材を溶かして接合する。

（8）　○

（9）　○

（10）　○

(11)　○

(12)　×　半自動マグ溶接は，炭酸（CO_2）ガスやアルゴン（Ar）ガスと炭酸（CO_2）ガスの混合ガスによって溶融池をシールドする溶接法である。

(13)　×　サブマージアーク溶接は，フラックスによって溶融池を保護する。

(14)　○

(15)　○

(16)　×　スポット溶接は，ガスは使わない。

(17)　○

(18)　×　スポット溶接は，薄板の溶接に使われる。

(19)　○

(20)　×　半自動マグ溶接は，軟鋼の溶接によく使われる。

(21)　×　サブマージアーク溶接は，自動溶接で品質や能率が良い。

(22)　○

(23)　×　ステンレス鋼は，ガス溶接では接合しない。

(24)　○

第2章　溶接機器の構造と操作

第1節　電気の基礎

1.　電気の基礎知識

(1)　単位

　アーク溶接は電気を利用する溶接である。電気に関係する用語と単位を 表2-1-1 にまとめる。

表 2-1-1　電気の用語と単位

用語	単位
電流	アンペア（A）
電圧	ボルト（V）
電気抵抗	オーム（Ω）

(2)　電流の測定方法

　交流アーク溶接機の電流の確認は，クランプメータを使用することが多い。図2-1-1 は，溶接ホルダ側のケーブルをクランプメータで挟んで電流を測定しているところである。

　半自動マグ溶接やティグ溶接は，溶接機に電流計や電圧計がついている。付いていない場合は，同じようにトーチ側に直流測定用のクランプメータを使用して測定する。

図 2-1-1　クランプメータによる測定

第2節 被覆アーク溶接の基礎

1. 被覆アーク溶接機
(1) 被覆アーク溶接機とその構成
被覆アーク溶接機とその構成を図 2-2-1 に示す。

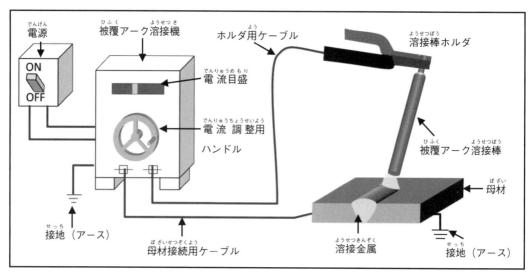

図 2-2-1　被覆アーク溶接機とその構成

(2) 交流 被覆アーク溶接機の規格
溶接機の「300Ａ機」や「500Ａ機」等の数字は，最大（定格ともいう）溶接電流を
アンペアで表したものである。

溶接機を最大溶接電流で長い間使用すると，溶接機が故障することがある。そのため，溶接機には使用率がある。使用率は「全作業時間とアークを出している時間の割合」である（式 2－1）。その使用率は10分の間に何分間アークを連続で出してよいかを（％）で表している。例として使用率40％の溶接機では，10分間のうちで4分間連続でアークを発生させることができる。

$$使用率（％）＝\frac{アークを出している時間}{全作業時間}×100（％） \cdots\cdots\cdots\cdots（2-1）$$

(3) 電源特性（垂下特性電源）
アーク溶接の時に，手振れをしてもアークを安定にする必要がある。そのため手溶

接の場合は，図2-2-2の垂下特性の溶接電源を使う。垂下特性の電源は，手振れなどでアーク長が変わると，アーク電圧も変わる。しかし，溶接電流はあまり変化しない。そのため，溶接棒も安定して溶融し，アークが切れない。

　例えば，アーク長が長くなるとアーク電圧は高くなり，溶接電流は少しだけ低くなる。逆にアーク長を短くするとアーク電圧は低くなり，溶接電流は少しだけ高くなる。

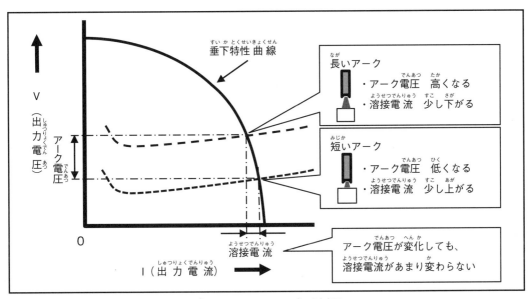

図2-2-2　アークの垂下特性

(4) 可動鉄心形交流アーク溶接機の電流調整

　交流アーク溶接機の溶接電流を調整するときに，多く使われているのは可動鉄心形である。その可動鉄心形の原理が図2-2-3(a)である。

　可動鉄心形交流アーク溶接機は，電流調整ハンドルで可動鉄心を動かして，溶接電流の大きさを調整する。図2-2-3(b)は可動鉄心の動きである。可動鉄心を①のように中に入れると溶接電流が低くなり，③のように外に出すと溶接電流は高くなる。

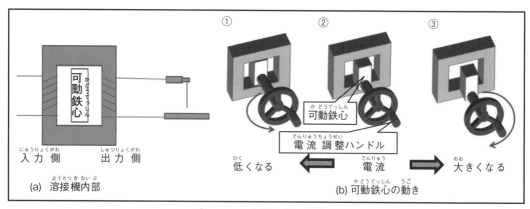

図 2-2-3　可動鉄心の働き

2. 被覆アーク溶接棒

(1) 被覆剤（フラックス）のはたらき

　　図 2-2-4 は被覆剤（フラックス）のはたらきである。

①　アークの発生およびアークを安定にする。

②　シールドガスを発生させて，溶融金属に空気が入らないようにする。

③　被覆剤が溶けてスラグとなり，溶接金属の表面を覆う。そのため冷却速度が遅くなり，ビード外観がきれいになる。

④　被覆剤にいろいろな成分を入れて，溶接金属の性質をよくする。

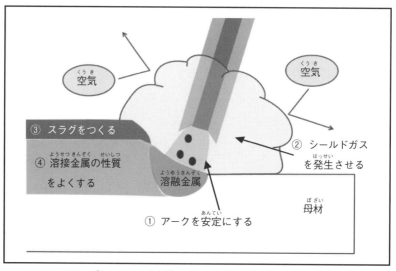

図 2-2-4　被覆剤（フラックス）の働き

(2) 被覆アーク溶接棒の種類と特徴

代表的な被覆アーク溶接棒の特徴は，次の通りである。

① ライムチタニヤ系

アークが安定しており，スパッタは少なく，スラグも取りやすい。全姿勢で溶接ができる。溶融池の流れが良いためアンダカットが生じにくい。

② イルミナイト系

日本で初めて作られた溶接棒である。全姿勢で溶接ができて，使いやすい。スラグの流れがよく，溶込みも深い。機械的性質も良好である。

③ 低水素系

水素の発生量が少ないため，溶接部が割れにくく，強度に優れている。そのため，重要な構造物や割れやすい鋼の溶接に使われている。しかし，アークが切れやすいので，溶接の技量が必要である。

④ 高酸化チタン系

アークが安定で，スパッタは少ない。溶込みが浅いので薄板の溶接に使われる。

(3) 溶接棒の乾燥

水にぬれた溶接棒を使うと，水分が分解してブローホール，割れの原因になる。そのため，使う前に次の条件で溶接棒を乾燥する。

低水素系以外の場合	70〜100℃	30〜60分
低水素系溶接棒	300〜400℃	30〜60分

第3節　半自動マグ溶接の基礎

1. 半自動マグ溶接装置

　　半自動マグ溶接は，正しい溶接条件にすると，溶接ワイヤとシールドガスは自動で送られて，安定した溶接作業ができる。溶接トーチは，溶接するところを見ながら手で動かす。

(1) 半自動マグ溶接装置の構成

　　半自動マグ溶接装置は次に示す機器類で構成されている。
　① 溶接電源（電流・電圧調整用リモコンつき）
　② ワイヤ送給装置
　③ 溶接トーチ
　④ ガス容器（ボンベ）及びガス流量調整器（加熱器つき）
　⑤ 溶接用ケーブル，制御用ケーブル，ガスホース等

　　これらの機器は図2-3-1に示すように接続される。プラス極は溶接ワイヤに，マイナス極は母材に接続する。リモコンは溶接電流（ワイヤ送給速度）とアーク電圧を手元で調整するものである。

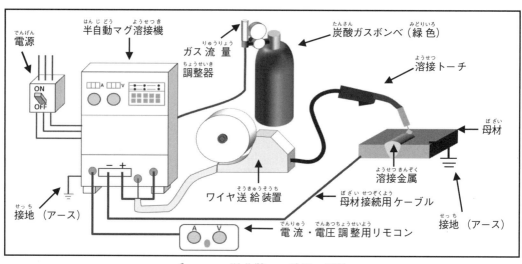

図2-3-1　半自動マグ溶接の接続

　　図2-3-2は，電流が流れにくくなるケーブルの接続である。ケーブルが細くて，長くなると，電流が流れにくくなる。また長いケーブルを巻いて使用すると電流が流

れにくくなる。その他，母材とケーブルの接続が悪いと，電流が流れにくくなる。これらの全てがアーク不安定になる原因である。そのため電流にあった長さと太さのケーブルを使う。

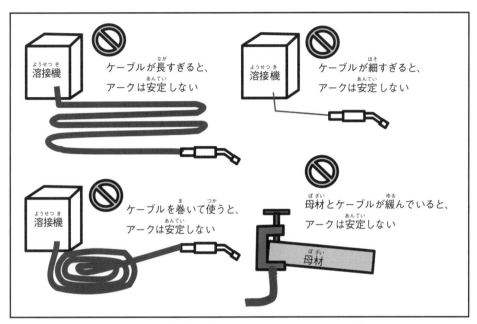

図 2-3-2　電流が流れにくくなるケーブルの接続

(2)　溶接電源

　　図 2-3-3 は定電圧特性電源である。この電源は，何かの原因で溶接電流が変わってもアーク電圧（アーク長）があまり変わらない。この特性電源は細い溶接ワイヤを使う半自動マグ溶接に用いられる。

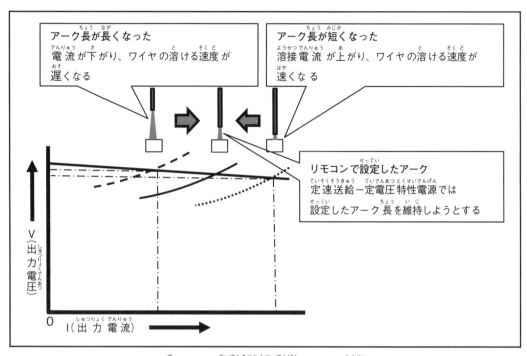

図2-3-3　定電圧特性電源とアーク特性

(3) 制御装置 (定電圧特性電源)

　　半自動マグ溶接では，リモコンの電流設定ツマミでワイヤの送り速度（図2-3-4）が，電圧設定ツマミでアーク電圧（アーク長）（図2-3-5）を調整する。定電圧特性電源を持っている制御装置は，図2-3-3に示すように設定された条件で，ワイヤの送り速度が一定のときに，溶接中にアーク長が変わろうとしても，溶接電流が変化してアーク長を一定にする働きがある。

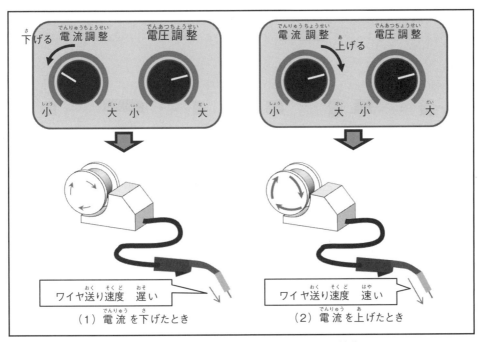

図 2-3-4　電流設定ツマミとワイヤ送り速度

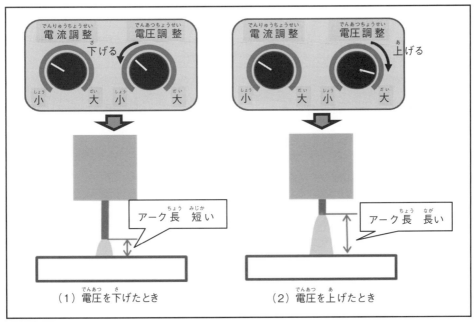

図 2-3-5　電圧設定ツマミとアーク長

⑷ ワイヤ送給装置とトーチケーブル

　図2-3-6はワイヤ送給装置である。これは、溶接部にワイヤを送る装置である。この装置には、ワイヤを送るロールがついている。もしも、ロールに油やゴミ（ワイヤの切粉）が付いていると、掃除をしなければならない。また、加圧ロールは強く押さえてはいけない。また、ロールが変形しているとアークが不安定になるので、取りかえる必要がある。溶接ワイヤの径（太さ）が変わるときも、送給ロールを交換する。

図2-3-6　送給装置　加圧ロールと送給ロール

⑸ 溶接トーチ

　図2-3-7は溶接トーチの構造である。

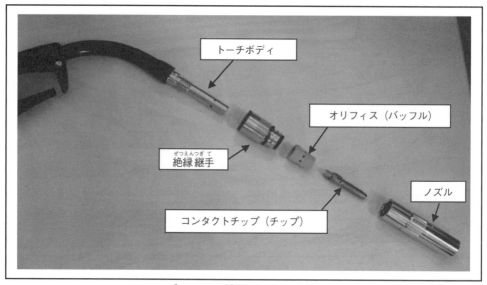

図2-3-7　溶接トーチの構造

① 溶接トーチは，水で冷やすものと空気で冷やすものがある。

② 絶縁継手は，トーチボディとノズルとを絶縁するための部品である。

③ オリフィス（バッフル）は，トーチボディから出るシールドガスの流れを整える。

④ コンタクトチップ（チップ）は，溶接ワイヤに電流を流す重要な部品である。コンタクトチップは，溶接ワイヤの径にあったものを使用する。そのため，ワイヤ径が1.6mm用のコンタクトチップが取り付けられた溶接トーチで，1.2mm径のワイヤを使ってはいけない。また，図2-3-8のように，コンタクトチップの穴が変形したり，スパッタが付いて先端が傷んでいると，アークが不安定になる。

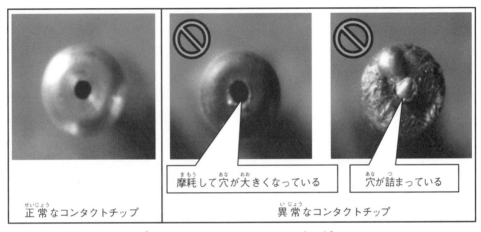

摩耗して穴が大きくなっている

穴が詰まっている

正常なコンタクトチップ

異常なコンタクトチップ

図2-3-8　コンタクトチップの良し悪し

⑤ ノズルはシールドガスを溶接金属まで流すものである。図2-3-9のように，多くのスパッタがノズルに付くと，シールドガスの流れが悪くなりブローホールの原因になる。この時，シールドガスを多く出すと，さらにガスの流れが乱れるため，ブローホールの原因になる。そのためノズルを掃除しなければならない。スパッタを取るときに，ノズルを鋼板などにぶつけるとノズルを痛めるので行ってはならない。また，スパッタを付きにくくする油をノズルに塗っておくと，スパッタが付きにくくなり，掃除も行いやすくなる。しかし，多く塗るとブローホールの原因になる。

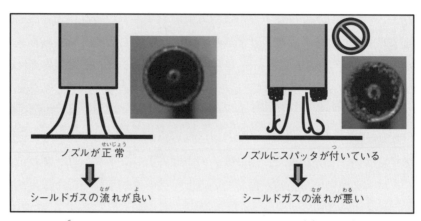

ノズルが正常

ノズルにスパッタが付いている

⬇
シールドガスの流れが良い

⬇
シールドガスの流れが悪い

図 2-3-9　ノズルのスパッタとシールドガスの流れの関係

(6)　ガス流量調整器

　図 2-3-10 は炭酸ガス流量調整器である。高圧で液化した炭酸ガスは，気体になるときに凍結する。その凍結を防止するために，加温ヒータが取付けられている。ガスの流量は，流量調整つまみによってボールの中心で調整する。ガスの出る量が少ないと，ブローホールが発生しやすくなるので注意する。反対に，ガスの出る量が多すぎてもブローホールが発生するので注意する。図 2-3-11 のようにガス流量調整器は，地面に対して垂直に取付ける。

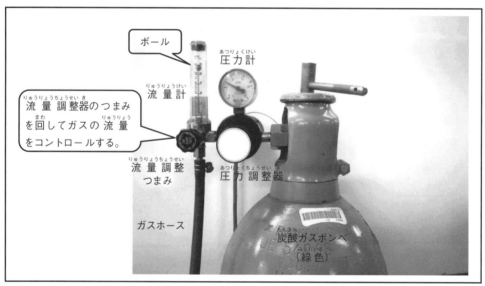

ボール

圧力計

流量計

流量調整器のつまみを回してガスの流量をコントロールする。

流量調整つまみ

圧力調整器

ガスホース

炭酸ガスボンベ
（緑色）

図 2-3-10　炭酸ガス流量調整器

加温ヒータ

正しい取付け　　　　　　　誤った取付け（ななめ）

図 2-3-11　炭酸ガス流量調整器

(7)　シールドガスの種類

　　半自動マグ溶接では，シールドガスに炭酸（CO_2）ガス，アルゴン（Ar）ガスと炭酸（CO_2）ガス，アルゴン（Ar）ガスと酸素（O_2）ガスの混合ガスを使う。そのシールドガスは水分が少ないものを使う。ただし，窒素（N_2）ガスは使わない。

　　ガス容器（ボンベ）はガスの種類によって色分けされている。表 2-3-1 は代表的なガス容器（ボンベ）の色である。

表 2-3-1　ガス容器（ボンベ）の色

ガスの名前	ボンベの色
炭酸（CO_2）ガス	緑色
アルゴン（Ar）ガスと炭酸（CO_2）ガス	ねずみ色
アルゴン（Ar）ガスと酸素（O_2）ガス	ねずみ色
酸素（O_2）ガス	黒色
プロパン（C_3H_8）ガス	ねずみ色
水素（H_2）ガス	赤

2.　半自動マグ溶接装置の取扱い

(1)　半自動マグ溶接における溶滴移行

　　半自動マグ溶接において，ワイヤの溶ける現象に短絡移行，グロビュール移行，スプレー移行の3種類の溶滴移行がある。

①　短絡移行（ショートアーク）

　　図 2-3-12 は，短絡移行の模式図である。これは，低い溶接電流の時にワイヤが

母材に接触（短絡）とアークを繰返しながらワイヤが溶ける。ショートアーク溶接ともよばれる。ソリッドワイヤを用いた低い溶接電流の時に，炭酸（CO₂）ガス100％又はアルゴン（Ar）ガスと炭酸（CO₂）ガスの混合ガスの時に短絡移行が使用される。6mmよりも薄い板の溶接や立向き，上向き，あるいは横向き溶接等の全姿勢の溶接に用いられる。

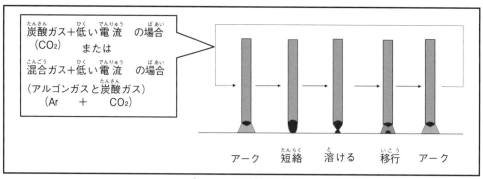

炭酸ガス＋低い電流　の場合
（CO₂）
または
混合ガス＋低い電流　の場合
（アルゴンガスと炭酸ガス）
（Ar　＋　CO₂）

アーク　短絡　溶ける　移行　アーク

図 2-3-12　短絡移行

② グロビュール移行

　図 2-3-13 は，グロビュール移行の模式図である。シールドガスに炭酸（CO₂）ガスを用いて，高い溶接電流の時に溶滴がワイヤ径以上の大きさで溶ける。厚板を溶接する時に使われる。

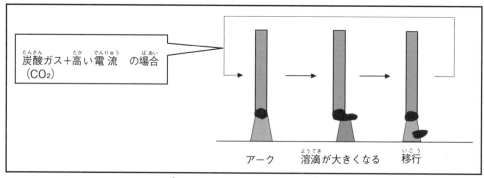

炭酸ガス＋高い電流　の場合
（CO₂）

アーク　溶滴が大きくなる　移行

図 2-3-13　グロビュール移行

③ スプレー移行

　図 2-3-14 は，スプレー移行の模式図である。シールドガスにアルゴン（Ar）ガスと炭酸（CO₂）ガスの混合ガスを用いて，高い溶接電流を使用すると，ワイヤはスプレーのように溶け，スパッタが少なくなりビードがきれいになる。

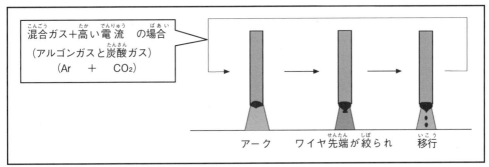

図2-3-14　スプレー移行

(2)　半自動マグ溶接の溶接条件設定

半自動マグ溶接は，正しい溶接条件にすると安定した溶接ができる。

溶接条件には，①　溶接電流，②　アーク電圧，③　溶接速度，④　トーチ角度，⑤　ワイヤ突出し長さがある。

①　溶接電流とワイヤ溶融速度（図2-3-4参照）

半自動マグ溶接の場合，リモコンの溶接電流ツマミを高くすると，ワイヤの送る速度が速くなり，溶接電流が大きくなる。そのために，ワイヤ溶融速度が速くなる。

逆に，溶接電流ツマミを低くすると，ワイヤの送る速度が遅くなり，溶接電流が低くなる。そのために，ワイヤ溶融速度が遅くなる。

溶接速度が一定の場合，溶接電流が高くなるほど，溶込みが深くなり，溶着金属量が増える。逆に溶接電流が低くなると，溶込みが浅くなって，溶着金属量が少なくなる。

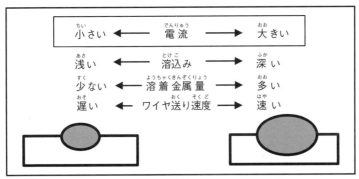

図2-3-15　溶接電流とワイヤ溶融速度

②　アーク電圧とアーク長（図2-3-16参照）

アーク電圧は，アークの安定性とビード外観や溶込み深さなどに影響を与える。

同じ溶接電流では，アーク電圧を高くすると，アーク長は長くなる。そのためビー

ド幅が広くて平らになり，溶込みが浅くなる。逆にアーク電圧を低くすると，アーク長は短くなる。そのためビード幅が狭くて高くなり，溶込みが深くなる。

　アーク電圧を高くし過ぎると，ワイヤ先端に大きな溶滴ができ，アークが不安定になる。またスパッタも大きくなる。逆にアーク電圧を低くし過ぎると，溶接ワイヤが母材をつつき，アークが不安定になる。この時は，アーク電圧を高くする。

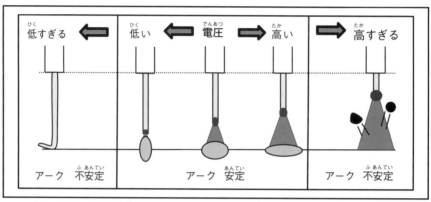

図2-3-16　アーク電圧とアーク長

③　溶接速度（図2-3-17，図2-3-18参照）
　溶接電流とアーク電圧を一定にした状態で，溶接速度を速くすると，入熱量が少なくなり，溶込みは浅く，余盛は低く，ビード幅は狭くなる。逆に溶接速度を遅くすると，入熱量が増え，溶込みは深くなり，余盛は高く，ビード幅は広くなる。
　しかし，開先内では，溶接速度が遅くなりすぎると，溶着金属量が多くなり，その上でアークが出るために溶込みが浅くなる。

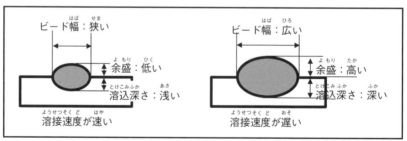

図2-3-17　溶接速度

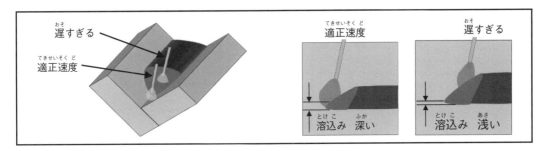

図 2-3-18　開先内での溶接速度の違い

④　トーチ角度（図2-3-19参照）

　　半自動マグ溶接では，溶接の進行方向に対して逆方向にトーチを傾ける「前進溶接」と進行方向に対して同じ方向に傾ける「後進溶接」がある。

　　前進溶接は，アークよりも溶融金属が前に出るため，アークが母材に直接あたらなくなる。そのため，溶込みが浅くなりビードは平らになる。

　　後進溶接は，溶融金属がアークによって押し上げられ，アークが直接母材に働く。そのため，溶込みが深くなり，ビード幅は狭く，ビード形状は凸になる。一般的には，ビード形状，溶接線の見やすさ，ガスシールド効果から前進溶接が使われている。

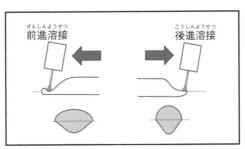

図 2-3-19　前進溶接と後進溶接

⑤　ワイヤ突出し長さ（図2-3-20，図2-3-21参照）

　　ワイヤ突出し長さとは，コンタクトチップの先端からワイヤ先端までの距離のことをいう。半自動マグ溶接では，ワイヤ突出し長さが変わると溶接電流も変化する。作業中に，ワイヤ突出し長さを短くすると，溶接電流が高くなり溶込みは深くなる。逆に，ワイヤ突出し長さを長くすると，溶接電流が低くなり溶込みは浅くなる。しかし，アークが不安定になり，ブローホールやスパッタが発生する。そのため，ワイヤ突出し長さは通常15mm前後にする。

　　溶接電流が低いときは10mm程度に，高い時には20mm程度にする。

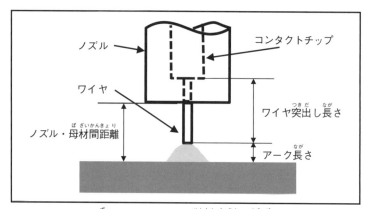

図 2-3-20　ノズル先端付近の用語

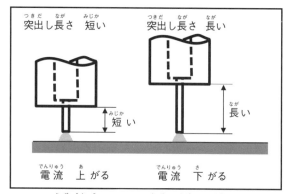

図 2-3-21　作業 中 のワイヤ突出し長さと溶接電 流 の関係

3.　半自動マグ溶接用ワイヤ

(1)　半自動マグ溶接用ワイヤの種類

　　　半自動マグ溶接用ワイヤには 表 2-3-2 のように,「ソリッドワイヤ」と「フラック
ス入りワイヤ」の 2 種類がある。用途によって使い分けるが, どちらも風があるとこ
ろでは防風対策が必要である。

表 2-3-2　半自動マグ溶接用ワイヤの分類

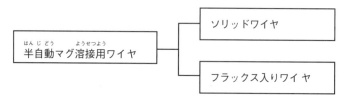

①　ソリッドワイヤ

　　　ソリッドワイヤには, 脱酸剤としてマンガン (Mn) とケイ素 (Si) が含まれてい
る。図 2-3-22 のように, 溶融金属 中 の酸化物と反応してスラグとなり, ブローホー

ルの発生を防ぎ，不純物の少ない溶接金属を得ることができる。また低い溶接電流から高い溶接電流まで使用できるので，薄板から厚板の溶接ができる。

ソリッドワイヤを使った半自動マグ溶接は，溶込みが深く，スラグの発生量が少ないので作業が早くできる。

風のあるところでは，シールドガスの効果が悪くなるので，風の対策が必要である。

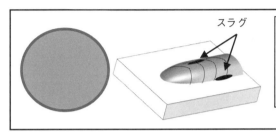

マンガン（Mn）、ケイ素（Si）は脱酸元素
酸脱してブローホールを防ぐ
表面に酸化マンガンや酸化ケイ素のスラグが浮き上がる。

図2-3-22　ソリッドワイヤ

② **フラックス入りワイヤ**

半自動マグ溶接に使うフラックス入りワイヤは，図2-3-23のように細い径で，フラックスには，金属粉と脱酸剤，合金成分，スラグを作る原料およびアークを安定にする材料が含まれており，スラグ系ワイヤとメタル系ワイヤの2種類がある。ソリッドワイヤに比べてビード外観が平らで，きれいになる。しかし，シールドガスが発生しないので，炭酸（CO_2）ガスやアルゴン（Ar）ガスと炭酸（CO_2）ガス（混合ガス）のシールドガスが必要である。そのため，風の対策が必要である。

a．スラグ系ワイヤは，スラグがビード表面を覆って，ビードの形が平らできれいになる。また，スパッタが少なく溶接がやりやすい。

b．メタル系ワイヤは，スラグ発生量が少なく溶接ワイヤの溶融速度が速いため溶接が早くできる。

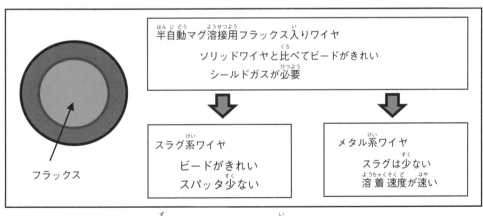

半自動マグ溶接用フラックス入りワイヤ
ソリッドワイヤと比べてビードがきれい
シールドガスが必要

スラグ系ワイヤ
ビードがきれい
スパッタ少ない

メタル系ワイヤ
スラグは少ない
溶着速度が速い

フラックス

図2-3-23　フラックス入りワイヤ

③　溶接ワイヤの保管

　ソリッドワイヤやフラックス入りワイヤは通常，さびを防ぐために包装されている。しかし，図2-3-24のように開封した後，長い間置いておくと，湿気によってさびが発生する。そのため，できるだけ早く使う。長い間使わない場合は図2-3-25のように，袋に入れてさびないようにする。溶接ワイヤは，乾燥したところに保管する。

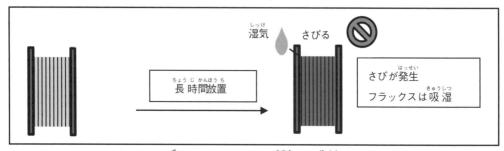

図2-3-24　ワイヤの誤った保管

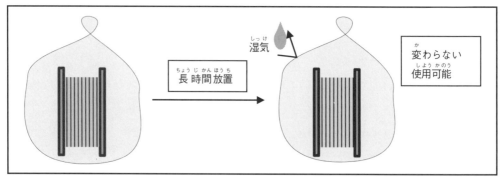

図2-3-25　ワイヤの正しい保管

(2)　ソリッドワイヤの規格

　軟鋼及び高張力鋼用マグ溶接用ソリッドワイヤは，表2-3-3にあるように，JIS Z3312に規定されている。この規格では，表2-3-4にあるように，ワイヤの種類記号の付け方に国際規格（ISO）に基づく方法と従来のJISによる方法がある。

　軟鋼および490N/mm^{2}級高張力鋼に使用する溶接ワイヤは，表2-3-3に示すような種類がある。YGW11は，炭酸（CO_2）ガスでシールドする。ワイヤ径1.2mmの場合230Aより高い電流で溶接する。これは，厚板の下向，横向，水平すみ肉溶接に用いられる。YGW12も炭酸（CO_2）ガスでシールドする。ワイヤ径1.2mmの場合230Aより低い電流で溶接する。電流が低いので薄板の溶接や立向，上向姿勢のように全姿勢の溶接ができる。YGW15, 16は，混合ガス（アルゴン（Ar）ガスと炭酸（CO_2）ガス）

でシールドする。YGW15は230Aより高い電流，YGW16は230Aより低い電流に適している。炭酸（CO₂）ガスでシールドする溶接と比較して，アークは安定しており，スパッタは少ない。YGW18, 19は，高張力鋼の溶接に使われる。

表 2-3-3　ソリッドワイヤの JIS 規格

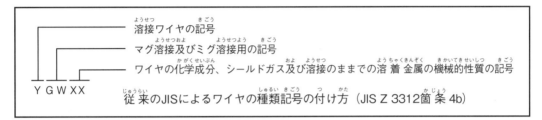

```
┌── 溶接ワイヤの記号
│ ┌── マグ溶接及びミグ溶接用の記号
│ │ ┌── ワイヤの化学成分、シールドガス及び溶接のままでの溶着金属の機械的性質の記号
Y G W X X
```

従来のJISによるワイヤの種類記号の付け方（JIS Z 3312箇条 4b）

従来の JIS によるワイヤの種類（JIS Z 3312箇条 4 b）

ワイヤの種類	シールドガス	溶着金属の機械的性質（溶接のまま）				
		引張強さ N/mm²	耐力 N/mm²	伸び %	衝撃試験 温度 ℃	シャルピー吸収エネルギーの規定値
YGW11	CO₂	490〜670	400以上	18以上	0	47以上
YGW12			390以上	18以上	0	27以上
YGW13					0	27以上
YGW14		430〜600	330以上	20以上	0	27以上
YGW15	CO₂（20〜25%）+ Ar	490〜670	390以上	18以上	−20	47以上
YGW16			400以上	18以上	−20	27以上
YGW17		430〜600	390以上	20以上	−20	27以上
YGW18	CO₂	550〜740	330以上	17以上	0	70以上
YGW19	CO₂（20〜25%）+ Ar		460以上	17以上	0	47以上

表 2-3-4　ソリッドワイヤの ISO 規格

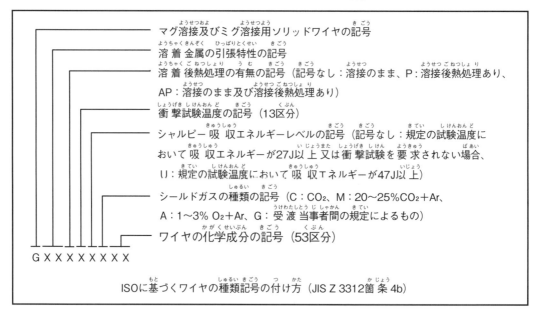

マグ溶接及びミグ溶接用ソリッドワイヤの記号

溶着金属の引張特性の記号

溶着後熱処理の有無の記号（記号なし：溶接のまま、P：溶接後熱処理あり、
AP：溶接のまま及び溶接後熱処理あり）

衝撃試験温度の記号（13区分）

シャルピー吸収エネルギーレベルの記号（記号なし：規定の試験温度に
おいて吸収エネルギーが27J以上又は衝撃試験を要求されない場合、
U：規定の試験温度において吸収エネルギーが47J以上）

シールドガスの種類の記号（C：CO_2、M：20～25%CO_2＋Ar、
A：1～3% O_2＋Ar、G：受渡当事者間の規定によるもの）

ワイヤの化学成分の記号（53区分）

G X X X X X X X X

ISOに基づくワイヤの種類記号の付け方（JIS Z 3312箇条 4b）

溶着金属の引張特性（JIS Z 3312箇条 4 a 抜粋）

記号	引張強さ N/mm^2	耐力 N/mm^2	伸び %
43	430～600	350以上	20以上
49	490～670	390以上	18以上
52	520～700	420以上	17以上
55	550～740	460以上	17以上
57	570～770	490以上	17以上
57 J	570～770	500以上	17以上
59	590～790	490以上	16以上
59 J	590～790	500以上	16以上

(3)　フラックス入りワイヤの規格
　　軟鋼及び高張力鋼用マグ溶接用フラックス入りワイヤは，表 2-3-5 に示す JIS
Z3313に規定されている。

表 2-3-5　フラックス入りワイヤの JIS 規格

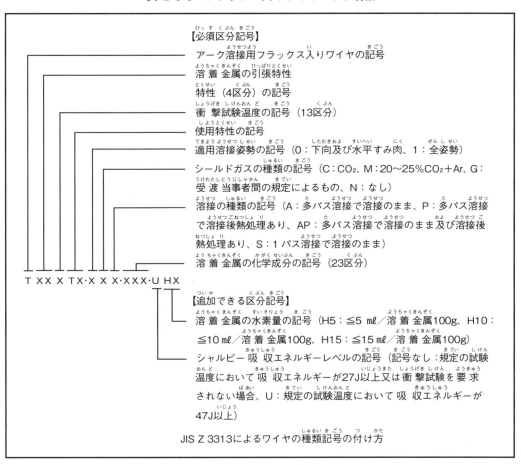

【必須区分記号】
アーク溶接用フラックス入りワイヤの記号
溶着金属の引張特性
特性（4区分）の記号
衝撃試験温度の記号（13区分）
使用特性の記号
適用溶接姿勢の記号（0：下向及び水平すみ肉、1：全姿勢）
シールドガスの種類の記号（C：CO₂、M：20～25％CO₂＋Ar、G：
受渡当事者間の規定によるもの、N：なし）
溶接の種類の記号（A：多パス溶接で溶接のまま、P：多パス溶接
で溶接後熱処理あり、AP：多パス溶接で溶接のまま及び溶接後
熱処理あり、S：1パス溶接で溶接のまま）
溶着金属の化学成分の記号（23区分）

T XXX TX・X X X・XXX・U HX

【追加できる区分記号】
溶着金属の水素量の記号（H5：≦5 ㎖／溶着金属100g、H10：
≦10 ㎖／溶着金属100g、H15：≦15 ㎖／溶着金属100g）
シャルピー吸収エネルギーレベルの記号（記号なし：規定の試験
温度において吸収エネルギーが27J以上又は衝撃試験を要求
されない場合、U：規定の試験温度において吸収エネルギーが
47J以上）

JIS Z 3313によるワイヤの種類記号の付け方

マルチパス溶接の溶着金属の引張特性（JIS Z 3313抜粋）

記号	引張強さ N/mm²	耐力 N/mm²	伸び %
43	430～600	330以上	20以上
49	490～670	390以上	18以上
49 J	490～670	400以上	18以上
52	520～700	420以上	17以上
55	550～740	460以上	17以上
57	570～770	490以上	17以上
57 J	570～770	500以上	17以上

注）マルチパス溶接の溶着金属の引張特性は，上表に掲げた7
種を含めて15種に区分されている。

第4節 ティグ溶接の基礎

1. ティグ溶接機

(1) ティグ溶接機の構成

　　ティグ溶接機は，図2-4-1に示すように，溶接電源，制御装置（アーク発生補助装置を含む），溶接トーチ，シールドガス供給装置，トーチ冷却用の冷却水供給装置等により構成されている。

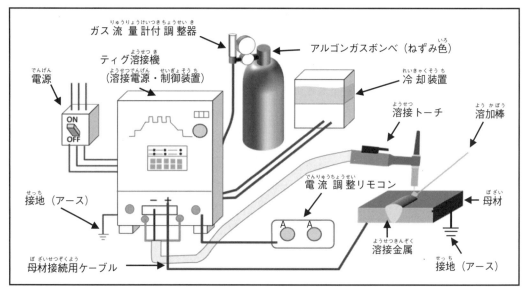

図2-4-1　ティグ溶接の構成

(2) ティグ溶接電源と極性

　　ティグ溶接には直流式と交流式とがある。直流式は図2-4-2にあるように，電極をマイナスに接続し，ステンレス鋼や炭素鋼等の溶接に使用される。交流式は電極をプラスの時に母材表面の酸化皮膜を除去できるので，アルミニウムの溶接に使用される。薄板を溶接するときに使われるティグ溶接は，最小電流値を低く設定できる溶接機を選択する。

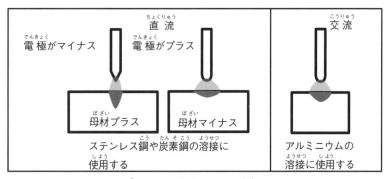

図2-4-2　極性による違い

(3) 溶接制御装置（定電流特性電源）

ティグ溶接の場合は，定電流特性の溶接電源を使う。図2-4-3のように，定電流特性電源はアーク電圧が変化しても溶接電流がほとんど変化しない。

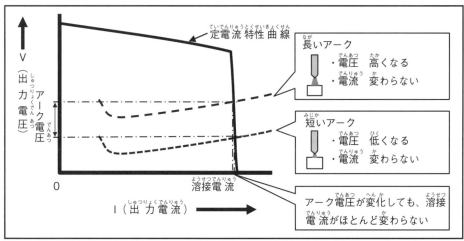

図2-4-3　定電流特性電源とアーク特性

(4) 溶接制御装置

溶接制御装置には，アーク発生補助装置（高周波発生回路）のほか，プリフロー（アークを出す前にシールドガスを流す仕組み），アフターフロー（アークを切った後，シールドガスを流す仕組み）がある。その他に，アークのスタート時に，低い溶接電流でアークを発生させる初期電流や溶接作業の終了時に，溶接電流低くして溶け落ちを防ぐクレータフィラー電流等を設定する機能がある。

(5) 溶接トーチ

図2-4-4は溶接トーチの構造である。ノズルはシールドガスを溶接金属まで流すのに必要なものである。スイッチの操作で，初期電流，溶接電流，クレータフィラー

電流を切り替えることができる。溶接トーチには，水で冷やすものと空気で冷やすものがある。

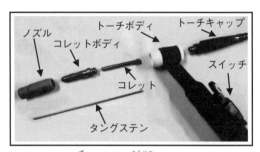

図2-4-4　溶接トーチ

(6)　タングステン電極
　　　表2-4-1はタングステン電極の種類である。

表2-4-1　タングステン電極の種類

電極の種類	電極の色	交流・直流の別
純タングステン	緑色	交流
2％トリア入りタングステン	赤色	直流
2％酸化ランタン入りタングステン	黄緑	直流
2％酸化セリウム入りタングステン	灰色	直流，交流

(7)　ガス流量調整器
　　　アルゴンガス流量調整器は，ガス容器（ボンベ）に取付ける圧力計付き減圧弁，流量調整バルブ，フロート式流量計を組み合わせたものである。ガスの流量は，流量調整つまみによってボールの中心で調整する。ガスの流量を少なくしすぎたり，多く出し過ぎるとブローホールが発生しやすくなるので，注意する。

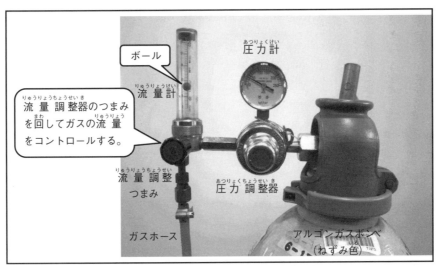

ボール

圧力計
（あつりょくけい）

流量計
（りゅうりょうけい）

流量調整器のつまみ
（りゅうりょうちょうせいき）
を回してガスの流量
（まわ）　　　　　（りゅうりょう）
をコントロールする。

流量調整
（りゅうりょうちょうせい）
つまみ

圧力調整器
（あつりょくちょうせいき）

ガスホース

アルゴンガスボンベ
（ねずみ色）

図2-4-5　アルゴンガス流量調整器
（ず）　　　　　　　　　　（りゅうりょうちょうせいき）

(8)　シールドガスの種類（しゅるい）

　　ティグ溶接（ようせつ）に使（つか）うシールドガスの種類（しゅるい）には，アルゴン（Ar）ガスとヘリウム（He）
ガスがある。シールドガスは水分（すいぶん）が少（すく）ないものを使（つか）う。
　　ガス容器（ようき）（ボンベ）は中（なか）に入（い）れるガスの種類（しゅるい）によって色分（いろわ）けされている。表2-4-2（ひょう）
は代表的（だいひょうてき）なガス容器（ようき）（ボンベ）の色（いろ）である。

表2-4-2　ティグ溶接で使用するボンベの種類
（ひょう）　　　　　　（ようせつ）　（しよう）　　　　　　　　（しゅるい）

ガスの名前（なまえ）	ボンベの色（いろ）	用途（ようと）
アルゴン（Ar）ガス	ねずみ色（いろ）	ティグ溶接（ようせつ）
ヘリウム（He）ガス	ねずみ色（いろ）	ティグ溶接（ようせつ）

2.　ティグ溶接用溶加棒（ようせつようようかぼう）
(1)　ティグ溶接用溶加棒（ようせつようようかぼう）

　　ティグ溶接用溶加棒（ようせつようようかぼう）のJIS規格（きかく）は表2-4-3（ひょう）である。溶加棒（ようかぼう）の長（なが）さは1メートルで
ある。通常（つうじょう）は，プラスチック又（また）は紙製（かみせい）の容器（ようき）に入（い）れて保管（ほかん）する。溶加棒（ようかぼう）がさびてい
たり，汚（よご）れているとブローホールが発生（はっせい）する。そのため，溶加棒（ようかぼう）を取扱（とりあつか）う場合（ばあい）には，
素手（すで）や汚（よご）れた手袋（てぶくろ）で触（さわ）らない。そのため，きれいな手袋（てぶくろ）で扱（あつか）い，移動（いどう）する時（とき）は，容
器（き）に入（い）れて運（はこ）ぶ。

表 2-4-3 ティグ溶接用溶加棒の JIS 規格 (抜粋)

| 種類 | 棒及びワイヤの化学成分 % | | | | | | 溶着金属の機械的性質 | | | | |
| | | | | | | | 引張試験 | | | 衝撃試験 | |
	C	Si	Mn	P	S	その他合計	引張強さ N/mm²	降伏点 N/mm²	伸び %	温度 ℃	シャルピー吸収エネルギー J
YGT50	≦0.15	≦1.00	≦1.90	≦0.030	≦0.030	≦0.50	≧490	≧390	≧22	0	≧47
YGT60			≦2.00	≦0.025	≦0.025		≧590	≧490	≧17	−20	≧39
YGT62							≧610	≧500	≧17		
YGT70		≦0.80	≦2.25				≧690	≧550	≧16		
YGT80							≧780	≧665	≧15		

例: Y GT 50
┗━ 棒及びワイヤの化学成分、溶着金属の機械的性質
┗━ ティグ溶接用
┗━ 棒及びワイヤ

第2章　確認問題

基礎問題

（1）電流の単位はアンペア［A］である

（2）電流の単位はボルト［V］である。

（3）電流の単位はオーム［Ω］である。

（4）電流の測定方法は，次のようにして測る。

（5）ケーブルを長くすると，電流が流れやすくなる。

（6）ケーブルを巻くと，電流が流れやすくなる。

（7）ケーブルを細くすると，電流が流れやすくなる。

（8）低水素系溶接棒は，水素の発生量が少ないので，溶接部が割れやすい。

（9）イルミナイト系溶接棒は，日本で作られた溶接棒で，使いやすい。

（10）ライムチタニア系溶接棒は，アークが安定しており，スパッタは少なく，スラグもとりやすい。

（11）半自動マグ溶接では，正しい溶接条件にすると，安定した作業ができる。

（12）半自動マグ溶接では，ワイヤは手で送る。

（13）半自動マグ溶接では，溶接トーチが自動的に動く。

（14）ソリッドワイヤを使った半自動マグ溶接は，フラックス入りワイヤに比べて溶込みが深い。

（15）半自動マグ溶接は，風のあるところでは，シールドガスの効果が悪くなる。

（16）ソリッドワイヤを使った半自動マグ溶接は，フラックス入りワイヤに比べてスラグの発生量が多い。

（17）フラックス入りワイヤを使った半自動マグ溶接は，ビード外観がきれい。

（18）フラックス入りワイヤを使った半自動マグ溶接は，スパッタが全く発生しない。

（19）フラックス入りワイヤを使った半自動マグ溶接は，ソリッドワイヤよりもスパッタが多い。

（20）自動マグ溶接では，溶接金属に空気が入らないように，窒素（N_2）ガスを使う。

— 65 —

(21) 溶接で使うワイヤには，ソリッドワイヤとフラックス入りワイヤがある。

(22) 半自動マグ溶接で使うシールドガスは，酸素（O_2）ガスである。

(23) 炭酸（CO_2）ガスは，半自動マグ溶接で使うシールドガスの一つである。

(24) 炭酸（CO_2）ガスとアルゴン（Ar）ガスの混合ガスは，半自動マグ溶接で使うシールドガスの一つである。

(25) 半自動マグ溶接のシールドガスに炭酸（CO_2）ガスと窒素（N_2）ガスの混合ガスが使われる。

(26) 半自動マグ溶接では，水分の少ないシールドガスを使う。

(27) 半自動マグ溶接では，シールドガスの量を多くするほど，ブローホールが発生しにくい。

(28) 半自動マグ溶接では，アークを発生する前にシールドガスを流す。

(29) 炭酸（CO_2）ガス容器の色は，緑色である。

(30) アルゴン（Ar）ガス容器の色は，黒色である。

(31) 酸素（O_2）ガス容器の色は，ねずみ色である。

(32) ケーブルを長くすると，電流が流れにくくなる。

(33) ケーブルを巻いて使うと，電流が流れにくくなる。

(34) ケーブルを細くすると，電流が流れにくくなる。

(35) ノズルにスパッタが付いても，ノズルの掃除はいらない。

(36) ノズルに付いたスパッタは，鋼板にぶつけて取る。

(37) ノズルにスパッタがたくさん付いたときは，シールドガスを多く出す。

(38) コンタクトチップが変形すると，アークは不安定になる。

(39) 溶接作業をはじめる前に，溶接機の点検はしない。

(40) 母材とケーブルがゆるんでいると，アークは不安定になる。

(41) 溶接ワイヤの径（太さ）を変えるときは，ワイヤ送給ロールも取りかえる。

(42) 溶接ワイヤを送るロールに油やゴミが付いているときは，掃除をする。

(43) 溶接ワイヤを送るロールに溶接ワイヤの切粉が付いていても，掃除はしない。

(44) シールドガスの流量調整器の目盛管は水平に取付ける。

(45) シールドガスの流量調整器の目盛管は垂直に取付ける。

(46) シールドガスの流量調整器の目盛管は斜めに取付ける。

(47) 半自動マグ溶接用ソリッドワイヤの中には，マンガンが入っている。

(48) 半自動マグ溶接用ソリッドワイヤの中には，イオウがたくさん入っている。

(49) 半自動マグ溶接用ソリッドワイヤの中には，ケイ素が入っている。

(50) 半自動マグ溶接用フラックス入りワイヤの直径は，2.0mm以下である。

(51) 半自動マグ溶接用フラックス入りワイヤには，スラグ系ワイヤだけである。

(52)　半自動マグ溶接用フラックス入りワイヤを使うときも風があるときは，風の対策が必要である。

(53)　半自動マグ溶接用ワイヤは，錆びないように湿気のあるところで保管する。

(54)　半自動マグ溶接ワイヤに，錆が付いているとブローホールなどの欠陥ができる。

(55)　半自動マグ溶接用ワイヤは，開封した後も，長い間使わなくても問題がない。

(56)　半自動マグ溶接では，前進溶接は後進溶接に比べ，溶込みが深くなり，ビード形状は凸になりやすい。

(57)　半自動マグ溶接では，前進溶接は後進溶接に比べ，溶込みが浅くなり，ビード形状は平らになりやすい。

(58)　半自動マグ溶接では，前進溶接は後進溶接に比べ，溶込みが深くなり，ビード形状は平らになりやすい。

応用問題

単位

（1） 電流の単位は，アンペア［A］である。

（2） 電流の単位は，ボルト［V］である。

（3） 電流の単位は，オーム［Ω］である。

（4） 電流の単位は，ワット［W］である。

（5） 電圧の単位は，アンペア［A］である。

（6） 電圧の単位は，ボルト［V］である。

（7） 電圧の単位は，オーム［Ω］である。

（8） 電圧の単位は，ワット［W］である。

（9） アーク電圧はアーク長を長くすると低くなる。

（10） アーク電圧はアーク長を長くすると高くなる。

（11） アーク電圧はアーク長を短くすると高くなる。

（12） アーク電圧とアーク長は関係がない。

（13） アーク溶接機の垂下特性では，アーク長が短くなると，溶接電流は減少する。

（14） アーク溶接機の垂下特性では，アーク長が長くなると，溶接電流は増加する。

（15） アーク溶接機の垂下特性では，アーク長が変わっても，溶接電流の変化が少ない。

（16） アーク溶接機の垂下特性では，アーク長と溶接電流は関係がない。

（17） 可動鉄心形交流アーク溶接機の電流調整ハンドルは，アークを安定にする働きがある。

（18） 可動鉄心形交流アーク溶接機の電流調整ハンドルは，溶接電流の大きさを調整する働きがある。

（19） 可動鉄心形交流アーク溶接機の電流調整ハンドルは，作業を安全にする働きがある。

（20） 可動鉄心形交流アーク溶接機の電流調整ハンドルは，アーク長を変える働きがある。

溶接機の取扱い

（21） 溶接機の出力側のケーブルを長くすると，電流が流れやすくなる。

（22） 溶接機の出力側のケーブルを巻くと，電流が流れやすくなる。

（23） 溶接機の出力側のケーブルを細くすると，電流が流れやすくなる。

（24） 溶接機の出力側のケーブルを太くすると，電流が流れやすくなる。

半自動マグ溶接機の知識

(25) 半自動マグ溶接では，溶接できる 条 件 にすると，安定した作 業 ができる。

(26) 半自動マグ溶接は，ワイヤは手で送る。

(27) 半自動マグ溶接は，溶接トーチが自動的に動く。

(28) 半自動マグ溶接は，溶加棒を使って溶接する。

(29) 半自動マグ溶接機に使われないものは，ワイヤ送 給 装置である。

(30) 半自動マグ溶接機に使われないものは，電 流 ・電 圧 調 整装置である。

(31) 半自動マグ溶接機に使われないものは，電撃防止装置である。

(32) 半自動マグ溶接機に使われないものは，ガス 流 量 調 整器である。

(33) 半自動マグ溶接の溶接トーチは，水で冷やすものだけである。

(34) 半自動マグ溶接は，溶接ワイヤには，コンタクトチップから電 流 を流す。

(35) 半自動マグ溶接では，ワイヤ径が1.6mm用のコンタクトチップが取り付けられた溶接トーチで1.2mm径のワイヤを使ってもよい。

(36) 半自動マグ溶接では，トーチボディとノズルの 間 にスパッタが多く付いても問題はない。

(37) ソリッドワイヤを使った半自動マグ溶接は，溶込みが深く，作 業 が早い。

(38) ソリッドワイヤを使った半自動マグ溶接は，風のあるところでは，シールドガスの効果が悪くなる。

(39) ソリッドワイヤを使った半自動マグ溶接は，スラグの発生 量 が多い。

(40) ソリッドワイヤを使った半自動マグ溶接は，薄い板から厚い板まで溶接ができる。

溶接材 料 （被覆アーク溶接）

(41) 被覆アーク溶接棒の被覆剤の役目は，アークを安定にする。

(42) 被覆アーク溶接棒の被覆剤の役目は，溶接時間を 短 くする。

(43) 被覆アーク溶接棒の被覆剤の役目は，ガスを発生して溶融金属を空気から保護する。

(44) 被覆アーク溶接棒の被覆剤の役目は，溶接金属の性質をよくする。

(45) 低水素系被覆アーク溶接棒は，水素の発生 量 が少ないので，溶接部が割れやすい。

(46) イルミナイト系被覆アーク溶接棒は，日本で作られた溶接棒で，使いやすい。

(47) ライムチタニア系被覆アーク溶接棒は，アークが安定しており，スパッタは少なく，スラグもとりやすい。

(48) 高酸化チタン系被覆アーク溶接棒は，アークが安定でスパッタは少なく，薄板の溶接に適している。

(49) 低水素系被覆アーク溶接棒の乾燥温度は，70〜100℃である。

(50) 低水素系被覆アーク溶接棒の乾燥温度は，100〜150℃である。

(51) 低水素系被覆アーク溶接棒の乾燥温度は，150〜250℃である。

(52) 低水素系被覆アーク溶接棒の乾燥温度は，300〜400℃である。

(53) 水にぬれた被覆アーク溶接棒で溶接すると，アークが安定する。

(54) 水にぬれた被覆アーク溶接棒で溶接すると，溶接機を壊す。

(55) 水にぬれた被覆アーク溶接棒で溶接すると，溶接部にブローホールができる。

(56) 水にぬれた被覆アーク溶接棒で溶接しても，溶接部は割れない。

(57) 低水素系被覆アーク溶接棒は，重要な構造物の溶接には使わない。

(58) 低水素系被覆アーク溶接棒は，割れやすい鋼の溶接には使わない。

(59) 低水素系被覆アーク溶接棒は，割れやすい鋼を溶接するときに使う。

(60) 低水素系被覆アーク溶接棒は，溶接金属に水素がたくさん発生する。

溶接材料（半自動マグ溶接）

(61) 半自動マグ溶接で使う炭酸（CO_2）ガスは，溶接金属に空気が入らないようにするために使う。

(62) 半自動マグ溶接は，ソリッドワイヤだけを使う。

(63) 半自動マグ溶接のシールドガスは，炭酸（CO_2）ガスとアルゴン（Ar）ガスの混合ガスも使う。

(64) 半自動マグ溶接は，シールドガスが必要である。

(65) 溶接に使うシールドガスに，炭酸（CO_2）ガスがある。

(66) 溶接に使うシールドガスに，炭酸（CO_2）ガスとアルゴン（Ar）ガスの混合ガスがある。

(67) 溶接に使うシールドガスに，炭酸（CO_2）ガスと窒素（N 2）ガスの混合ガスがある。

(68) 溶接に使うシールドガスに，酸素（O_2）ガスとアルゴン（Ar）ガスの混合ガスがある。

(69) 溶接に使うシールドガスは，品質が良い，水分の少ないものを使う。

(70) 溶接に使うシールドガスは，ガスの出す量が多いほど，ブローホールが発生しない。

(71) 溶接に使うシールドガスは，アークを発生させるときだけ使う。

(72) 溶接に使うシールドガスは，少ない量でも出ていればよい。

(73) ガス容器（ボンベ）の色は，炭酸（CO_2）ガス容器は，緑色である。

(74) ガス容器（ボンベ）の色は，アルゴン（Ar）ガス容器は，ねずみ色である。

(75) ガス容器（ボンベ）の色は，酸素（O_2）ガス容器は，赤色である。

(76) ガス容器（ボンベ）の色は，プロパンガス（C_3H_8）容器は，ねずみ色である。

(77) 半自動マグ溶接のワイヤの溶滴移行には，3種類ある。

(78) 半自動マグ溶接のスプレー移行は，高い電流の時の溶け方で，ワイヤはスプレーのように溶け，ビードがきれいである。

(79) 半自動マグ溶接の短絡移行は，高い電流の時の溶け方で，25mmよりも厚い板の溶接に使われる。

(80) 半自動マグ溶接のグロビュール移行は，高い電流の時の溶け方で，6mmよりも薄い板の溶接に使われる。

(81) 半自動マグ溶接の短絡移行は，ワイヤが母材に接触することを繰り返しながら溶ける。

(82) 半自動マグ溶接の短絡移行は，6mmよりも薄い板の溶接をするときに使う。

(83) 半自動マグ溶接の短絡移行は，溶込みが深く，25mmよりも厚い板の溶接をするときに使う。

(84) 半自動マグ溶接の短絡移行は，低い電流のマグ溶接で利用される。

(85) 半自動マグ溶接で，溶接電流の調整は，ワイヤの送る速度を変えることである。

(86) 半自動マグ溶接で，アーク電圧の調整は，ノズルと母材の間隔を変えることである。

(87) 半自動マグ溶接で，溶接電流の調整は，アーク長を変えることである。

(88) 半自動マグ溶接で，アーク電圧の調整は，溶接速度を変えることである。

(89) 半自動マグ溶接において，溶接中に，ワイヤ突出し長さが変わっても，溶接電流は変わらない。

(90) 半自動マグ溶接において，溶接中に，溶接電流が変わっても，アーク電圧は変わらない。

(91) 半自動マグ溶接において，溶接中に，アーク電圧が変わっても，溶接電流は変わらない。

(92) 半自動マグ溶接において，溶接中に，アーク長が変わっても，溶接電流は変わらない。

(93) 定電流特性の電源とは，溶接電流が変わってもアーク電圧が変わらない。

(94) 定電圧特性の電源とは，溶接電流が変わってもアーク電圧が変わらない。

(95) 垂下特性の電源とは，アーク電圧が変わると溶接電流が大きく変わる。

(96) 定電圧特性の電源とは，アーク電圧が変わっても溶接電流が変わらない。

(97) 半自動マグ溶接で，ノズルに付いたスパッタは，多く付かないうちに取る。

(98) 半自動マグ溶接で，ノズルに付いたスパッタは，ノズルを鋼板などにぶつけて取る。

(99) 半自動マグ溶接で，ノズルに付いたスパッタを付きにくくする油をノズルに塗っておくと，スパッタがつきにくくなるので，できるだけ多く塗っておく。

(100) 半自動マグ溶接で，ノズルに付いたスパッタがたくさん付いても，シールドガスを

多く出せばよい。

(101) 半自動マグ溶接で，コンタクトチップの穴が変形していると，アークが安定しない。

(102) 半自動マグ溶接で，溶接機の中にほこりがたまっていると，アークが安定しない。

(103) 半自動マグ溶接で，母材とケーブルのつなぎ方が悪いと，アークが安定しない。

(104) 半自動マグ溶接で，ロールが変形していると，アークが安定しない。

(105) 半自動マグ溶接機のワイヤ送り装置で，溶接ワイヤを送るために，ロールはできるだけ強く押さえつける。

(106) 半自動マグ溶接機のワイヤ送り装置で，溶接ワイヤを送るロールに油やゴミが付いていても，掃除しない。

(107) 半自動マグ溶接機のワイヤ送り装置で，溶接ワイヤを送るロールに溶接ワイヤの切粉があるときは，掃除をする。

(108) 半自動マグ溶接機のワイヤ送り装置で，溶接ワイヤを送るために，ロールの表面に油を塗っておく。

(109) 半自動マグ溶接のケーブルの接続で，プラス極は溶接ワイヤに，マイナス極は母材に接続する。

(110) 半自動マグ溶接のケーブルの接続で，プラス極は母材に，マイナス極は溶接ワイヤに接続する。

(111) 半自動マグ溶接のケーブルの接続で，シールドガスの種類によって，つなぎ方を変える。

(112) 半自動マグ溶接のケーブルの接続で，プラス極，マイナス極は，溶接ワイヤと母材のどちらに接続してもよい。

(113) 溶接機の使用率とは，全作業時間に対するアークを出している時間の割合をいう。

(114) 溶接機の使用率とは，設置している溶接機の台数に対する使用している台数の割合をいう。

(115) 溶接機の使用率とは，アークが出ていない時間に対するアークを出している時間の割合をいう。

(116) 溶接機の使用率とは，溶接機の最高出力電流に対して，使用している溶接電流の割合をいう。

(117) 定格使用率が60%の溶接機は，定格出力電流で，60分間連続してアークが発生できる。

(118) 定格使用率が60%の溶接機は，定格出力電流で，10分間中6分間だけ連続してアークが発生できる。

(119) 定格使用率が60%の溶接機は，定格出力電流で，30分間中10分間だけ連続して

アークが発生できる。

(120) 定格使用率が60%の溶接機は，定格出力電流で，20分間中10分間だけ連続してアークが発生できる。

(121) シールドガスの流量調整器の目盛管は，水平に取り付ける。

(122) シールドガスの流量調整器の目盛管は，垂直に取り付ける。

(123) シールドガスの流量調整器の目盛管は，斜めに取り付ける。

(124) シールドガスの流量調整器の目盛管は，どのような角度に取り付けてもよい。

(125) 半自動マグ溶接用ソリッドワイヤに入っている脱酸元素は，マンガン(Mn)である。

(126) 半自動マグ溶接用ソリッドワイヤに入っている脱酸元素は，イオウ(S)である。

(127) 半自動マグ溶接用ソリッドワイヤに入っている脱酸元素は，リン(P)である。

(128) 半自動マグ溶接用ソリッドワイヤに入っている脱酸元素は，銀(Ag)である。

(129) ブローホールの発生を防ぐために，半自動マグ溶接用ソリッドワイヤの中にマンガン及びケイ素が入っている。

(130) 溶込みを深くするために，半自動マグ溶接用ソリッドワイヤの中にマンガン及びケイ素が入っている。

(131) 溶接ワイヤに電気を流すために，半自動マグ溶接用ソリッドワイヤの中にマンガン及びケイ素が入っている。

(132) 溶込みを浅くするために，半自動マグ溶接用ソリッドワイヤの中にマンガン及びケイ素が入っている。

(133) 半自動マグ溶接に使うフラックス入りワイヤは，細い径のワイヤを使う。

(134) 半自動マグ溶接に使うフラックス入りワイヤは，スラグ系ワイヤとメタル系ワイヤがある。

(135) 半自動マグ溶接に使うフラックス入りワイヤは，風があっても作業ができる。

(136) 半自動マグ溶接に使うフラックス入りワイヤは，ソリッドワイヤと比べて，ビードがきれい。

(137) フラックス入りワイヤを使った半自動マグ溶接は，ビード外観がきれいになる。

(138) フラックス入りワイヤを使った半自動マグ溶接は，アークが安定している。

(139) フラックス入りワイヤを使った半自動マグ溶接は，スパッタが多い。

(140) フラックス入りワイヤを使った半自動マグ溶接は，ビードの形が平らである。

(141) 半自動マグ溶接の溶接ワイヤは，乾燥したところに保管する。

(142) 半自動マグ溶接の溶接ワイヤは，さびが発生しても使うことができる。

(143) 半自動マグ溶接の溶接ワイヤは，開封後，できるだけ早く使う。

(144) 半自動マグ溶接のフラックス入りワイヤは，内部にフラックスがあるので湿気に対

する 注意は必要ない。

(145) 半自動マグ溶接機の取扱いで，溶接ワイヤの送る速度を遅くすると，溶接電流は大きくなる。

(146) 半自動マグ溶接機の取扱いで，溶接ワイヤの送る速度を速くすると，アーク電圧は高くなる。

(147) 半自動マグ溶接機の取扱いで，溶接ワイヤが母材につつく場合，アーク電圧を高くする。

(148) 半自動マグ溶接機の取扱いで，アーク長を長くするためには，アーク電圧を低くする。

(149) 半自動マグ溶接機の取扱いで，ワイヤ突出し長さは，溶接電流によって適切な長さがある。

(150) 半自動マグ溶接機の取扱いで，ワイヤ突出し長さを変えてもアークは安定である。

(151) 半自動マグ溶接機の取扱いで，シールドガスを多くすると，ワイヤ突出し長さを長くしてもブローホールは発生しない。

(152) 半自動マグ溶接機の取扱いで，ワイヤ突出し長さを長くすると，スパッタは少なくなる。

(153) 半自動マグ溶接の作業中に，ワイヤ突出し長さを長くすると，溶接電流が増加して溶込みが深くなる。

(154) 半自動マグ溶接の作業中に，ワイヤ突出し長さを長くすると，溶接電流が減少して溶込みが浅くなる。

(155) 半自動マグ溶接の作業中に，ワイヤ突出し長さを長くすると，アークが安定する。

(156) 半自動マグ溶接の作業中に，ワイヤ突出し長さを長くすると，ブローホールが発生しない。

(157) 半自動マグ溶接をするとき，同じ溶接電流で，アーク電圧を上げると，ビード幅が広くなり，溶込みが深くなる。

(158) 半自動マグ溶接をするとき，同じ溶接電流で，アーク電圧を上げると，ビード幅が広くなり，溶込みが浅くなる。

(159) 半自動マグ溶接をするとき，同じ溶接電流で，アーク電圧を下げると，ビード幅が広くなり，溶込みが深くなる。

(160) 半自動マグ溶接をするとき，同じ溶接電流で，アーク電圧を下げると，ビード幅が広くなり，溶込みは浅くなる。

(161) 半自動マグ溶接をするとき，同じ溶接電流・アーク電圧・溶接速度では，前進溶接は後進溶接に比べて，溶込みが深くなり，ビード形状は平らになりやすい。

(162)　半自動マグ溶接をするとき, 同じ溶接電流・アーク電圧・溶接速度では, 前進溶接は後進溶接に比べて, 溶込みが浅くなりビード形状は平らになりやすい。

(163)　半自動マグ溶接をするとき, 同じ溶接電流・アーク電圧・溶接速度では, 前進溶接は後進溶接に比べ, 溶込みが深くなりビード形状は凸になりやすい。

(164)　半自動マグ溶接をするとき, 同じ溶接電流・アーク電圧・溶接速度では, 前進溶接は後進溶接に比べ, 溶込みが浅くなりビード形状は凸になりやすい。

(165)　開先を半自動マグ溶接するとき, 同じ溶接電流・アーク電圧では, 適正速度よりも溶接速度を速くすると, 余盛高さは高くなり, ビード幅は広くなり, 溶込みが深くなる。

(166)　開先を半自動マグ溶接するとき, 同じ溶接電流・アーク電圧では, 適正速度よりも溶接速度を速くすると, 余盛高さは低くなり, ビード幅は広くなり, 溶込みが深くなる。

(167)　開先を半自動マグ溶接するとき, 同じ溶接電流・アーク電圧では, 適正速度よりも溶接速度を遅くすると, 余盛高さは高くなり, ビード幅は広くなり, 溶込みが深くなる。

(168)　開先を半自動マグ溶接するとき, 同じ溶接電流・アーク電圧では, 適正速度よりも溶接速度を遅くすると, 余盛高さは高くなり, ビード幅は広くなり, 溶込みが浅くなる。

第2章　確認問題の解答と解説

基礎問題

（1）　○

（2）　×　ボルト［V］は，電圧の単位である。

（3）　×　オーム［Ω］は，抵抗の単位である。

（4）　○

（5）　×　ケーブルを長くすると，抵抗が増えて電流が流れにくくなる。

（6）　×　ケーブルを巻いて使うと，抵抗が増えて電流が流れにくくなる。

（7）　×　ケーブルを細くすると，抵抗が増えて電流が流れにくくなる。

（8）　×　低水素系溶接棒は，水素の発生量が少ないので，溶接部は割れにくい。

（9）　○

（10）　○

（11）　○

（12）　×　半自動マグ溶接では，ワイヤは自動で送られる。

（13）　×　半自動マグ溶接では，溶接トーチを手で動かす。

（14）　○

（15）　○

（16）　×　ソリッドワイヤを使った半自動マグ溶接は，フラックスが入っていないので，フラックス入りワイヤに比べてスラグの発生量は少ない。

（17）　○

（18）　×　フラックス入りワイヤを使った半自動マグ溶接は，スパッタの発生は少ない。

（19）　×　フラックス入りワイヤを使った半自動マグ溶接は，ソリッドワイヤよりもスパッタは少ない。

（20）　×　半自動マグ溶接では，溶接金属に空気が入らないように，炭酸（CO_2）ガスかアルゴン（Ar）ガスと炭酸（CO_2）ガスの混合ガスを使う。

（21）　○

（22）　×　半自動マグ溶接で使うシールドガスは，炭酸ガス（CO_2）かアルゴン（Ar）ガスと炭酸（CO_2）ガスの混合ガスである。

（23）　○

（24）　○

（25）　×　半自動マグ溶接のシールドガスに炭酸（CO_2）ガスとアルゴン（Ar）ガスの混合ガスが使われる。

(26)　○

(27)　×　半自動マグ溶接では，シールドガスの量を多くするほど，ガスの流れが乱れるため，ブローホールが発生する。

(28)　○

(29)　○

(30)　×　アルゴン（Ar）ガス容器の色は，ねずみ色である。

(31)　×　酸素（O$_2$）ガス容器の色は，黒色である。

(32)　○

(33)　○

(34)　○

(35)　×　ノズルにスパッタが付くと，シールドガスの流れが乱れてブローホールが発生する。

(36)　×　鋼板にぶつけて取ると，ノズルの形が変わる。

(37)　×　シールドガスを多く出すとガスの流れが乱れて，ブローホールが発生する。

(38)　○

(39)　×　溶接作業をはじめる前は，溶接機の点検をする。

(40)　○

(41)　○

(42)　○

(43)　×　ロールに切粉が付いていると，ワイヤの送りが悪くなってアークが不安定になる。

(44)　×　シールドガスの流量調整器の目盛管は垂直に取付ける。

(45)　○

(46)　×　シールドガスの流量調整器の目盛管は垂直に取付ける。

(47)　○

(48)　×　イオウは不純物である。

(49)　○

(50)　○

(51)　×　スラグ系ワイヤとメタル系ワイヤの2種類がある。

(52)　○

(53)　×　湿気があるとワイヤが錆びる。

(54)　○

(55)　×　長い間使わないと，ワイヤの表面に錆ができて欠陥の原因になる。

(56) ×　前進溶接は後進溶接に比べ，溶込みが浅くなり，ビード形状は平らになりやすい。

(57) ○

(58) ×　前進溶接は後進溶接に比べ，溶込みが浅くなり，ビード形状は平らになる。

応用問題

単位

（1）　○

（2）　×　ボルト［V］は，電圧の単位である。

（3）　×　オーム［Ω］は，抵抗の単位である。

（4）　×　ワット［W］は，電力の単位である。

（5）　×　アンペア［A］は，電流の単位である。

（6）　○

（7）　×　オーム［Ω］は，抵抗の単位である。

（8）　×　ワット［W］は，電力の単位である。

（9）　×　アーク電圧は，アーク長を長くすると高くなる。

（10）　○

（11）　×　アーク電圧はアーク長を短くすると低くなる。

（12）　×　アーク電圧とアーク長は，比例関係である。

（13）　×　垂下特性では，アーク長が短くなると，溶接電流は増加する。

（14）　×　垂下特性では，アーク長が長くなると，溶接電流は減少する。

（15）　○

（16）　×　垂下特性では，アーク長が変わっても，溶接電流の変化が少ない特性である。

（17）　×　電流調整ハンドルは，溶接電流の大きさを調整する。

（18）　○

（19）　×　電流調整ハンドルは，溶接電流の大きさを調整する。

（20）　×　電流調整ハンドルは，溶接電流の大きさを調整する。

溶接機の取扱い

（21）　×　ケーブルを長くすると，抵抗が増えて電流が流れにくくなる。

（22）　×　ケーブルを巻くと，抵抗が増えて電流が流れにくくなる。

（23）　×　ケーブルを細くすると，抵抗が増えて電流が流れにくくなる。

（24）　○

半自動マグ溶接機の知識

（25）　○

（26）　×　半自動マグ溶接は，ワイヤは自動で送られる。

(27) × 半自動マグ溶接は，溶接トーチを手で動かす。

(28) × 半自動マグ溶接は，ワイヤを使用する。ワイヤは自動で送られる。

(29) × ワイヤ送給装置でワイヤを送る。

(30) × 電流・電圧調整装置で溶接条件を調整する。

(31) ○

(32) × ガス流量調整器でシールドガス量を調整する。

(33) × 溶接トーチは，水で冷やすものと空気で冷やす2種類がある。

(34) ○

(35) × コンタクトチップはワイヤ径に合わせたものを使用する。コンタクトチップの中でワイヤが短絡する。

(36) × スパッタが多く付くと，シールドガスの流れが悪くなり，ブローホールが発生する。

(37) ○

(38) ○

(39) × フラックスを使っていないので，スラグの発生量が少ない。

(40) ○

溶接材料（被覆アーク溶接）

(41) ○

(42) × 被覆剤によって，溶接時間は短くならない。

(43) ○

(44) ○

(45) × 低水素系被覆アーク溶接棒は，水素の発生量が少ないので，溶接部は割れにくい。

(46) ○

(47) ○

(48) ○

(49) × 乾燥温度は，300〜400℃である。

(50) × 乾燥温度は，300〜400℃である。

(51) × 乾燥温度は，300〜400℃である。

(52) ○

(53) × ブローホールや割れなどの欠陥ができる。

(54) × ブローホールや割れなどの欠陥ができる。

(55) ○

(56) ×　ブローホールや割れなどの欠陥ができる。

(57) ×　割れにくく，硬い材料や重要な構造物の溶接に使われる。

(58) ×　割れにくく，硬い材料や重要な構造物の溶接に使われる。

(59) ○

(60) ×　低水素系被覆アーク溶接棒は，水素の発生が少ない。

溶接材料（半自動マグ溶接）

(61) ○

(62) ×　半自動マグ溶接には，ソリッドワイヤとフラックス入りワイヤの2種がある。

(63) ○

(64) ○

(65) ○

(66) ○

(67) ×　半自動マグ溶接で使うシールドガスは，炭酸（CO_2）ガスかアルゴン（Ar）ガスと炭酸（CO_2）ガスの混合ガスである。

(68) ×　半自動マグ溶接で使うシールドガスは，炭酸（CO_2）ガスかアルゴン（Ar）ガスと炭酸（CO_2）ガスの混合ガスである。

(69) ○

(70) ×　ガスの出す量が多いほど，シールドガスの流れが乱れるため，ブローホールが発生する。

(71) ×　シールドガスは，溶接作業の間，流す。

(72) ×　シールドガスは，溶接電流や継手の種類によって，適正量流す。

(73) ○

(74) ○

(75) ×　酸素（O_2）ガス容器は，黒色である。

(76) ○

(77) ○

(78) ○

(79) ×　短絡移行は，低い溶接電流の時の溶け方で，6㎜よりも薄い板の溶接や全姿勢の溶接に使われる。

(80) ×　グロビュール移行は，高い溶接電流の時の溶け方で，25㎜よりも厚い板の溶接に使われる。

(81) ○

(82) ◯

(83) × 短絡移行は,溶込みが浅く,6㎜よりも薄い板の溶接や全姿勢の溶接に使われる。

(84) ◯

(85) ◯

(86) × アーク電圧の調整は,アーク長を変えることである。

(87) × 半自動マグ溶接で,溶接電流の調整は,ワイヤの送る速度を変えることである。

(88) × アーク電圧の調整は,アーク長を変えることである。

(89) × ワイヤ突出し長さが変わると,溶接電流も変わる。

(90) ◯

(91) × 定電圧特性電源では,アーク電圧は変わらない。

(92) × 定電圧特性電源では,溶接中に,アーク長が変わらない。

(93) × 定電流特性の電源とは,溶接電流は変わらない。

(94) ◯

(95) × 垂下特性の電源とは,アーク電圧が変わった時に,溶接電流の変化が少ない。

(96) × 定電圧特性の電源では,アーク電圧は変わらない。

(97) ◯

(98) × 鋼板にぶつけて取ると,ノズルの形が変わる。

(99) × 油を多く塗ると,油が蒸発するときにガスが発生して,ブローホールの原因になる。

(100) × 多く出すとシールドガスの流れが乱れて,ブローホールが発生する。

(101) ◯

(102) × ほこりは,機械の寿命に関係して,アークの安定には関係しない。

(103) ◯

(104) ◯

(105) × ロールを強く押さえつけると,ワイヤが変形してアークが安定しない。

(106) × ゴミが,ライナにつまって,ワイヤの送りが悪くなってアークが安定しない。

(107) ◯

(108) × 油がブローホールの原因になる。

(109) ◯

(110) × プラス極はワイヤに接続する。

(111) × プラス極はワイヤに接続する。

(112) × プラス極はワイヤに接続する。

(113) ◯

(114) ×　溶接機の使用率とは，全作業時間に対するアークを出している時間の割合。

(115) ×　溶接機の使用率とは，全作業時間に対するアークを出している時間の割合。

(116) ×　溶接機の使用率とは，全作業時間に対するアークを出している時間の割合。

(117) ×　定格使用率が60％の溶接機は，定格出力電流で，10分間中6分間だけ連続してアークが発生できる。

(118) ○

(119) ×　定格使用率が60％の溶接機は，定格出力電流で，10分間中6分間だけ連続してアークが発生できる。

(120) ×　定格使用率が60％の溶接機は，定格出力電流で，10分間中6分間だけ連続してアークが発生できる。

(121) ×　目盛管は，垂直に取り付ける。

(122) ○

(123) ×　目盛管は，垂直に取り付ける。

(124) ×　目盛管は，垂直に取り付ける。

(125) ○

(126) ×　脱酸元素は，マンガン（Mn）とケイ素（Si）である。

(127) ×　脱酸元素は，マンガン（Mn）とケイ素（Si）である。

(128) ×　脱酸元素は，マンガン（Mn）とケイ素（Si）である。

(129) ○

(130) ×　マンガン（Mn）及びケイ素（Si）は，脱酸元素である。

(131) ×　マンガン（Mn）及びケイ素（Si）は，脱酸元素である。

(132) ×　マンガン（Mn）及びケイ素（Si）は，脱酸元素である。

(133) ○

(134) ○

(135) ×　風があると，防風対策が必要である。

(136) ○

(137) ○

(138) ○

(139) ×　フラックス入りワイヤを使った半自動マグ溶接は，スパッタが少ない。

(140) ○

(141) ○

(142) ×　さびが発生していると，ブローホールなどの欠陥が発生する。

(143) ○

(144) ✕ 溶接ワイヤの表面に，さびが発生したり，ブローホールの原因になる。

(145) ✕ 溶接ワイヤの送る速度を遅くすると，溶接電流は低くなる。

(146) ✕ 溶接ワイヤの送る速度を速くすると，溶接電流は高くなる。

(147) 〇

(148) ✕ アーク長を長くするためには，アーク電圧を高くする。

(149) 〇

(150) ✕ ワイヤ突出し長さを変えると，アークは不安定になる。

(151) ✕ シールドガスを多くしても，ワイヤ突出し長さを長くするとブローホールが発生する。

(152) ✕ ワイヤ突出し長さを長くすると，アークが不安定になり，スパッタは多くなる。

(153) ✕ ワイヤ突出し長さを長くすると，溶接電流が減少して溶込みが浅くなる。

(154) 〇

(155) ✕ 作業中に，ワイヤ突出し長さを長くすると，アークが不安定になる。

(156) ✕ 作業中に，ワイヤ突出し長さを長くすると，ブローホールが発生する。

(157) ✕ 同じ溶接電流で，アーク電圧を上げると，ビード幅が広くなり，溶込みが浅くなる。

(158) 〇

(159) ✕ 同じ溶接電流で，アーク電圧を下げると，ビード幅が狭くなり，溶込みが深くなる。

(160) ✕ 同じ溶接電流で，アーク電圧を下げると，ビード幅が狭くなり，溶込みが深くなる。

(161) ✕ 前進溶接は後進溶接に比べて，溶込みが浅くなり，ビード形状は平らになりやすい。

(162) 〇

(163) ✕ 前進溶接は後進溶接に比べて，溶込みが浅くなり，ビード形状は平らになりやすい。

(164) ✕ 前進溶接は後進溶接に比べて，溶込みが浅くなり，ビード形状は平らになりやすい。

(165) ✕ 同じ溶接電流・アーク電圧では，適正速度よりも溶接速度を速くすると，余盛高さは低くなり，ビード幅は狭くなり，溶込みが浅くなる。

(166) ✕ 同じ溶接電流・アーク電圧では，適正速度よりも溶接速度を速くすると，余盛高さは低くなり，ビード幅は狭くなり，溶込みが浅くなる。

(167) ✕ 同じ溶接電流・アーク電圧では，適正速度よりも溶接速度を遅くすると，余盛高さは高くなり，ビード幅は広くなり，溶込みが浅くなる。

(168) 〇

第3章　鉄鋼材料等

第1節　鉄鋼材料等

1. 軟鋼及び高張力鋼の特徴

　構造物を製作するときに使用する金属材料には，軟鋼をはじめとして高張力鋼，ステンレス鋼，アルミニウム合金など種類は多い。その中で，図3-1-1に示すように，一般に広く使われている鋼の中には，炭素（C），マンガン（Mn），ケイ素（Si），リン（P），イオウ（S）などが入っている。この中の炭素の量によって，鋼の性質が変わる。炭素量が多くなると，材料の引張強度は増すが，伸びが減少し，硬くなり粘さがなくなる。すなわち脆くなる。そのため引張強度が強い鋼を溶接すると，溶接部分が硬くなって，割れが生じることがある。また，リンとイオウは不純物なので，できるだけ少なくしている。

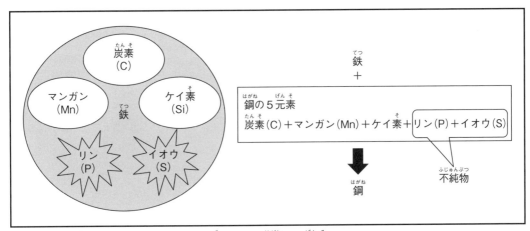

図3-1-1　鋼の5元素

　表3-1-1のように，炭素鋼の炭素量が0.03〜0.3％程度含まれている鋼を軟鋼（低炭素鋼），0.3〜0.6％程度含まれている鋼を中炭素鋼，0.6〜2.0％程度含まれている鋼を高炭素鋼，2.0〜4.5％程度含まれている鋼を鋳鉄と呼んでいる。

表 3-1-1　鋼の種類

	炭素量		
低炭素鋼（軟鋼）	0.03～0.3%		・やわらかい
中炭素鋼	0.3～0.6%	炭素量 少→多	・粘り強い
高炭素鋼	0.6～2.0%		・硬い（引張強度が高い）
鋳鉄	2.0～4.5%		・溶接後，急に冷えることによって焼きが入り硬くなる

　一般に広く使われている鋼材は，軟鋼（低炭素鋼）である。JIS 圧延鋼板の SS400 は一般的に使われる材料で，SM400 は重要なところに使われる材料である。
　軟鋼の 400N/mm^2 級の JIS 規格の一部が表 3-1-2 である。SM400 の数値の単位は，1平方ミリメートル当たりの引張強さをニュートンで示したもの（N/mm^2）である。

表 3-1-2　400N/mm^2 級（JIS 抜粋）

		一般構造用鋼	溶接構造用鋼		
		SS400	SM400A	SM400B	SM400C
板厚 mm		16～40	16～50		
化学成分（%）	C　炭素	—	0.23以下	0.20以下	0.18以下
	Mn　マンガン	—	2.5×C以上	0.60～1.20	1.40以下
	Si　ケイ素	—	—	0.35以下	
	P　リン	0.050以下	0.035以下		
	S　イオウ	0.050以下	0.035以下		
引張試験	降伏点（N/mm^2）	235以上	235以上		
	引張強さ（N/mm^2）	400～510	400～510		
	伸び（1号%）	21以上	21以上		
シャルビー吸収エネルギー（J, 0℃）		—	—	27以上	47以上

　高張力鋼とは低炭素鋼のうち，引張強さが 490N/mm^2 以上のものをいう。高張力鋼の SM 材 JIS 規格の一部が表 3-1-3 である。高張力鋼は，板厚を薄くして軽くすることができるので，経済的である。しかし，このような材料を溶接すると，溶接部の熱影響部が硬くなり割れが発生することがある。これは，溶接した後，急に冷えることによって焼きが入るためである。そのため高張力鋼の溶接は，軟鋼に比べて溶接が難しい。

― 86 ―

表 3-1-3　溶接構造用高張力鋼（JIS 抜粋）

		化学成分 (%)			引張強さ (N/mm²)	降伏点 (N/mm²) 板厚16～40mm	シャルビー 吸収エネルギー	
		C	Si	Mn			温度（℃）	平均値（J）
SM490	A	0.20	0.55	1.60	490～610	315以上	—	—
	B	0.18					0	27
	C	0.18					0	47
SM520	B	0.20	0.55	1.60	520～640	355以上	0	27
	C						0	47
SM570		0.18	0.55	1.60	570～720	450	−5	47

2.　ステンレス鋼

　　鉄にクロム（Cr）を入れて，表面にクロムの酸化膜を作ることによってさびにくくした鋼である。ニッケル（Ni）を入れて，性質を良くしたものもある。

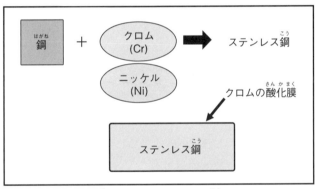

図 3-1-2　ステンレス鋼

3.　アルミニウム合金

　　アルミニウムは，アルミニウムの酸化膜によって錆びにくい合金である。軽くて強度の強いものもある。

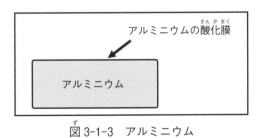

図 3-1-3　アルミニウム

第3章　確認問題

基礎問題・応用問題

（1）　鋼の中には，リン（P）がたくさん入っている。

（2）　鋼の中には，イオウ（S）がたくさん入っている。

（3）　鋼の中には，炭素（C），マンガン（Mn），ケイ素（Si）が入っている。

（4）　鋼の中には，鉛（Pb）が入っている。

（5）　鋼の中の炭素（C）が多くなると，やわらかくなる。

（6）　鋼の中の炭素（C）が変わっても性質は変わらない。

（7）　鋼の中の炭素（C）が多くなると，硬くなる。

（8）　鋼の中の炭素（C）が少なくなると，硬くなる。

（9）　一般的に広く使われている鋼材は，軟鋼である。

（10）　一般的に広く使われている鋼材は，鋳鉄である。

（11）　一般的に広く使われている鋼材は，高炭素鋼である。

（12）　一般的に広く使われている鋼材は，中炭素鋼である。

（13）　一般的に溶接しやすい鋼は，軟鋼である。

（14）　一般的に溶接しやすい鋼は，鋳鉄である。

（15）　一般的に溶接しやすい鋼は，高炭素鋼である。

（16）　一般的に溶接しやすい鋼は，中炭素鋼である。

（17）　材料のSS400やSM400の数値の単位は，1平方センチメートル当たりの引張強さをキログラムで示したもの（kg f/cm^2）である。

（18）　材料のSS400やSM400の数値の単位は，1平方ミリメートル当たりの引張強さをキログラムで示したもの（kg f/mm^2）である。

（19）　材料のSS400やSM400の数値の単位は，1平方ミリメートル当たりの引張強さをトンで示したもの（ton/mm^2）である。

（20）　材料のSS400やSM400の数値の単位は，1平方ミリメートル当たりの引張強さをニュートンで示したもの（N/mm^2）である。

（21）　溶接した後，溶接熱影響部が硬くなる原因は，母材の炭素が増えて硬くなる。

（22）　溶接した後，溶接熱影響部が硬くなる原因は，熱によって伸びたり縮んだりして硬くなる。

（23）　溶接した後，溶接熱影響部が硬くなる原因は，急に冷えることによって焼きが入り硬くなる。

（24）　溶接した後，溶接熱影響部が硬くなる原因は，ゆっくり冷えることによって硬くな

る。

(25) 予熱とは，溶接する前に溶接部を加熱することである。

(26) 後熱とは，溶接した後に溶接部を加熱することである。

(27) 予熱・後熱をすると，母材がやわらかくなり，割れが発生する。

(28) 予熱・後熱は，母材の硬化や割れの発生を防ぐことができる。

第3章　確認問題の解答と解説

基礎問題・応用問題

（1）　×　リン（P）は不純物である。

（2）　×　イオウ（S）は不純物である。

（3）　○

（4）　×　鉛（Pb）は不純物である。

（5）　×　炭素（C）が多くなると，硬くなる。

（6）　×　炭素（C）によって性質が変わる。

（7）　○

（8）　×　炭素（C）が少なくなると，軟らかくなる。

（9）　○

（10）　×　鋳鉄は硬くて割れやすい。

（11）　×　高炭素鋼は，摩耗するところで使われる。

（12）　×　中炭素鋼は，焼入れして使用される。

（13）　○

（14）　×　鋳鉄は，溶接すると割れやすく，溶接が難しい鉄である。

（15）　×　高炭素鋼は，溶接すると割れやすく，溶接が難しい鋼である。

（16）　×　中炭素鋼は，溶接すると割れやすく，溶接が難しい鋼である。

（17）　×　数値の単位は，1平方ミリメートル当たりの引張強さをニュートンで示したもの（N/mm^2）である。

（18）　×　数値の単位は，1平方ミリメートル当たりの引張強さをニュートンで示したもの（N/mm^2）である。

（19）　×　数値の単位は，1平方ミリメートル当たりの引張強さをニュートンで示したもの（N/mm^2）である。

（20）　○

（21）　×　溶接した後，急に冷えることによって焼きが入り硬くなる。

（22）　×　溶接した後，急に冷えることによって焼きが入り硬くなる。

（23）　○

（24）　×　溶接した後，急に冷えることによって焼きが入り硬くなる。

（25）　○

（26）　○

（27）　×　予熱・後熱をすると，母材がやわらかくなり，割れにくくなる。

（28）　○

第4章　溶接施工

第1節　溶接部の名称

1. 溶接継手の種類と呼び名

溶接とは2つ以上の材料（母材）を，部分的に溶かして接合する。あるいは削られたところを肉盛して元に戻す方法のことである。接合する部分の形を継手という。表4-1-1は主な継手の形とその呼び方である。

表4-1-1　溶接接手の形と呼び方

	開先溶接	すみ肉溶接
突合せ継手 2つの母材をほぼ同じ面に合わせる		
T継手 2つの母材をT字形にする		
十字継手 2つの母材を十字形にする		
角（かど）継手 2つの母材をL字型にする		
重ね継手 2つの母材を重ねる		
へり継手 2つの母材を重ねて端と端を接合する		

2. 溶接開先の種類と名称

溶接開先とは，材料の接合面を溶接しやすいような形に加工された部分をいう。開先には図4-1-1に示すように多くの形状がある。

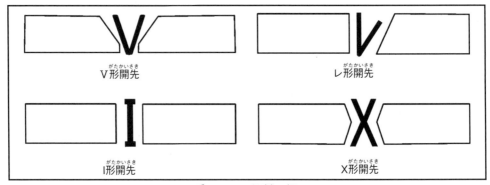

図4-1-1　開先の例

図4-1-2は，開先部の名称である。図4-1-3は，すみ肉溶接部の名称である。

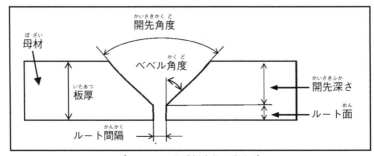

図4-1-2　開先各部の名称

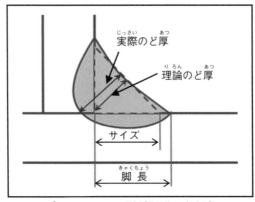

図4-1-3　すみ肉溶接部の名称

3. 溶接記号

溶接記号は，国際的にほぼ同じものが使われている。ここでは溶接記号として使われ

る説明線，基本記号及び補助記号の基礎的なことについて述べる。

(1) 説明線

a．説明線は，図4-1-4のように，矢と基線でできている。継手の位置を矢で示し，基線を引く。基線の上または下に開先の形状・溶接の大きさ・溶接の量を記入する。また，特別な事柄は，尾を設けて，その内容を記入する。

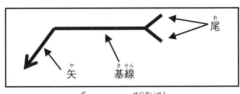

図 4-1-4　説明線

b．基線の上または下にある溶接記号の意味（表4-1-2参照）
① 基線の下に溶接記号が書かれている場合は，矢の側から溶接する。
② 基線の上に溶接記号が書かれている場合は，矢の反対側から溶接する。

表 4-1-2　溶接記号の読み方（基線の上下関係）

	溶接記号を書く位置	説明	実際の形
矢の側又は 手前側の溶接	矢の側　矢の手前側	矢の側を溶接するときは，基線の下に溶接記号を書く。	
矢の反対側又は 向こう側の溶接	矢の向こう側　矢の反対側	矢の反対側を溶接するときは，基線の上に溶接記号を書く。	
両側溶接		基線の両側にわたって溶接記号を書く。	

(2) **基本記号**

　　表4-1-3の基本記号は溶接継手部の状況を示すものである。

① 　基本記号の中には，開先角度，ルート間隔（両側溶接で，開先角度，ルート間隔
等が同じ場合は，片方に記入するだけでよい）を記入する。

② 　基本記号の左側には，溶接深さか脚長の寸法を記入する。（両側溶接で，寸法
が同じ場合は，片方に記入するだけでよい）

③ 　基本記号の右側には，継続溶接の場合の長さ，ピッチ，数等を記入する。

④ 　レ形開先，Ｋ形開先（継手の片側だけ開先加工）の場合には，図4-1-5のように，
開先加工をする側に矢を向け，矢を折線とする。

表4-1-3　溶接基本記号（JIS Z 3021抜粋）

溶接部の形状	基本記号	備　考
I 形	‖	
Ｖ形・両面Ｖ形（Ｘ形）	∧	Ｘ形は説明線の基線に対称に，この記号を記載する。
レ形・両面レ形（Ｋ形）	Ｋ	Ｋ形は基線に対称に，この記号を記載する。記号の縦の線は左側に書く。
すみ肉	▽	記号の縦の線は左側に書く。

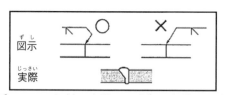

図4-1-5　開先を加工する部材を指示する矢

(3) **補助記号**

　　表4-1-4は補助記号である。補助記号は，次のような場合に使われる。

① 　溶接部の表面仕上がり形状に要求があるとき。

② 　溶接部の表面仕上げ方法を指示するとき。

③ 　現場溶接，全周溶接の指示をするとき。

表 4-1-4　補助記号

区分		補助記号	備考
溶接部の 表面形状	たいら	—	
	とつ	⌒	基線の外へ向かって凸とする。
	へこみ	⌣	基線の外へ向かって凹とする。
	止端仕上げ	〜	
溶接部の 仕上げ方法	チッピング	C	
	研削	G	グラインダ仕上げの場合
	切削	M	機械仕上げの場合
	研磨	P	研磨仕上げの場合
現場溶接		⚑	
全周溶接		○	全周溶接が明らかなときは省略してもよい。
全周溶接現場		🚩	

溶接記号と実際の形

溶接記号を使って書かれた図面に対する実際の溶接部の形状を表4-1-5に示す。

表4-1-5　図面の読み方と実際の形状

	溶接記号での書き方	説明	実際の形
I形突合せ溶接	G	矢の側から溶接 矢の反対側から溶接 余盛はグラインダで平滑に仕上げる	余盛はグライダで平滑に仕上げる
V形・X形突合せ溶接	6 2 60°	矢の側から溶接 開先深さ　6mm 開先角度　60° ルート間隔　2mm	6 2 60°
V形・X形突合せ溶接	90° 8 2 10 60° 20	X形溶接 板厚　20mm 矢の側 　開先深さ　　10mm 　開先角度　　60° 矢の反対側 　開先深さ　　8mm 　開先角度　　90° ルート間隔　2mm	60° 2 10 8 90°
V形・X形突合せ溶接	90° 5 8 3 60° 16	X形溶接 板厚　16mm 矢の側 　開先深さ　　8m 　開先角度　　60° 矢の反対側 　開先深さ　　5mm 　開先角度　　90° ルート間隔　3mm	60° 3 8 5 90°

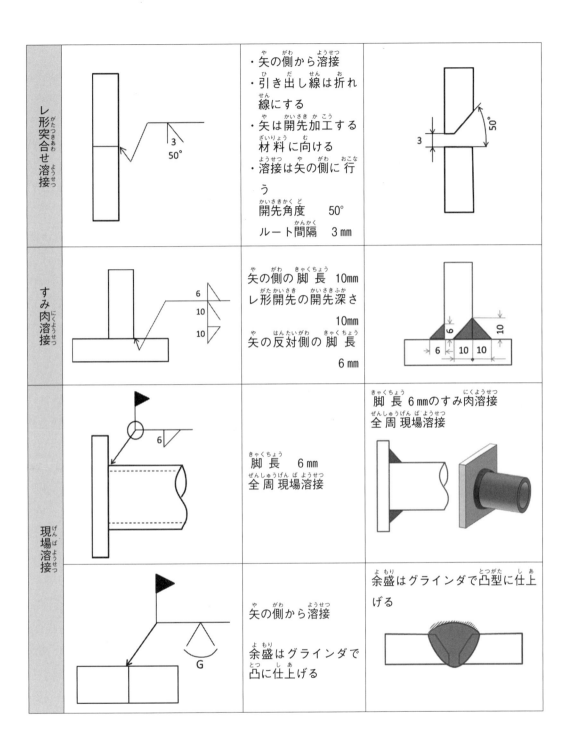

レ形突合せ溶接		・矢の側から溶接 ・引き出し線は折れ線にする ・矢は開先加工する材料に向ける ・溶接は矢の側に行う 開先角度　50° ルート間隔　3 mm	
すみ肉溶接		矢の側の脚長 10mm レ形開先の開先深さ 10mm 矢の反対側の脚長　6 mm	
現場溶接		脚長　6 mm 全周現場溶接	脚長 6 mmのすみ肉溶接 全周現場溶接
		矢の側から溶接 余盛はグラインダで凸に仕上げる	余盛はグラインダで凸型に仕上げる

4. Ｔ継手の強度

　　溶接作業者は，図面に記載された脚長・溶接長さを守らなければならない。脚長・溶接長さが少ないと強度が低下する。また，図4-1-6のように力のかかる方向にも注意する必要がある。

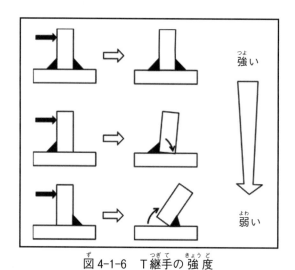

図4-1-6　Ｔ継手の強度

第2節　溶接施工

1. 溶接前の準備

溶接作業をする前には，必ず次のことをしなければならない。

(1) 溶接施工要領書及び溶接作業指示書

溶接の場合，作業者によって溶接条件が異なると，溶接部の品質も異なってくる。そのために溶接部の品質を確保するために溶接施工要領書を作成し，溶接作業者に同じ条件で溶接してもらう。溶接の溶接施工要領書は，溶接の施工を管理するときに，最も重要な文章である。溶接施工要領が決定するまでには，図4-2-1のような要因がある。溶接施工要領書が完成するまでには，図4-2-2のような手順で行われる。まず溶接施工法試験は，溶接施工要領が正しいことを確認するための試験である。これは別に要領書に記載されている溶接条件で作製された試験材から試験片を取り出して，要求されている性能を満足しているのか確認する。それを立会の元で，溶接施工要領書に従って溶接される。これを承認されたことによって，実際の溶接施工要領書が出来上がる。実際の現場では，この溶接施工要領書に従って溶接作業指示書を作成し，溶接作業者に指示を与える。

溶接施工要領書，溶接作業指示書には，母材と溶接棒，溶接ワイヤの種類，溶接電流，アーク電圧，溶接速度，溶接順序，パス数及び層数などの溶接条件などが書かれている。

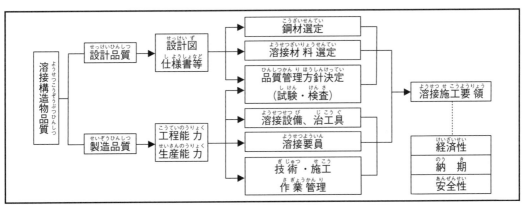

図4-2-1　溶接施工要領書決定過程における要因

出典：新版　溶接・接合技術入門（溶接学会編）

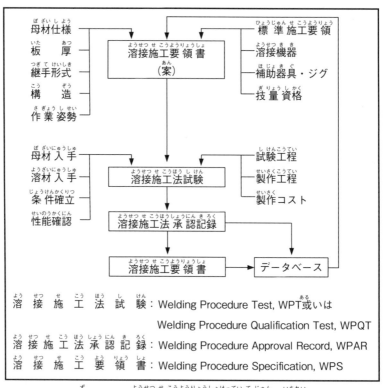

図 4-2-2　溶接施工要領書決定手順の一例
出典：新版　溶接・接合技術入門（溶接学会編）

(2) 溶接入熱

　溶接部の性質は，溶接部に加えられる熱量や冷却速度により材質が変化する。そのため，溶接施工では溶接入熱を管理する必要がある。

　溶接する材料は，溶接部に加えられる熱量や冷却速度により材質が変化する。例えば，溶接入熱が小さいときは，冷却速度が速くなって焼きが入り，硬くなって割れることがある。また逆に溶接入熱が大きくなると，冷却速度が遅くなり，材料が軟らかくなり強度が低くなることがある。このようなことから，溶接入熱を管理しなければならない。その時，式（4-1）によって，溶接入熱が計算される。溶接入熱 H（J/cm）は，計算式の溶接電流 I(A)，アーク電圧 V(V)，溶接速度 v（cm／分）から求められる。

$$H = \frac{I \times V}{v} \times 60 \cdots\cdots\cdots\cdots\cdots\cdots\cdots\cdots\cdots\cdots\cdots\cdots\cdots\cdots\cdots\cdots\cdots\cdots\cdots\cdots\cdots\cdots\cdots\cdots (4-1)$$

　また，厚板の時には，層とパスを重ねながら溶接される。特に1つのビードを置くことをパスと呼び，パスとパスの間の温度をパス間温度という。そのため強度の必

要な厚板の溶接には，溶接入熱とパス間温度を決めて溶接されている。図4-2-3は，中板の溶接例（3層4パス溶接）である。

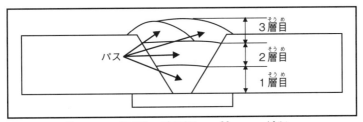

図4-2-3　中板の溶接例（3層4パス溶接）

(3) 安全に対する確認

保護具を着用し，溶接工具が揃っているかを確認する。また周りに燃えやすいものが無いことを確認する。

(4) 使用機材の確認

① 溶接機，溶接用ケーブルが確実に接続されているか確認する。
② ケーブルに破損は無いか確認する。
③ 電撃防止装置の作動を確認する。
④ 溶接部各部の動作確認，調整を行う。
⑤ 溶接ワイヤ等にさびなどがないことを確認する。
⑥ 指示された溶接ワイヤ，溶接棒か確認する。
⑦ 溶接用ジグを使用する場合，ジグの確認をする。

(5) 開先の確認

① 図4-2-4に示すように，突合せ継手の目違いが大きいときには修正する。

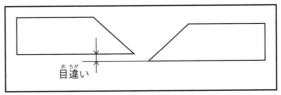

目違い

図4-2-4　突合せ溶接の目違い

② 図4-2-5に示すように，開先が錆や油・ペンキがついているときは，取り除く。（汚れた開先は，ブローホールなど欠陥の原因となる）。
③ 図4-2-5に示すように，開先に水が付いていると錆びるので，取り除く。

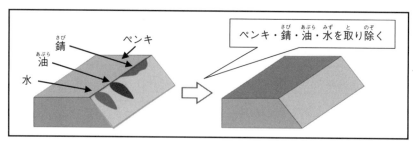

図 4-2-5　開先の洗浄

④　図 4-2-6 に示すように，板厚が厚いときは，開先角度を広くする。

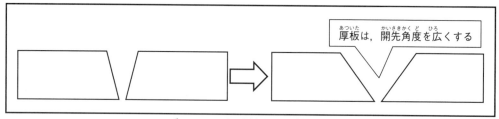

厚板は，開先角度を広くする

図 4-2-6　厚板溶接の開先角度

⑤　図 4-2-7 に示すように，開先にガス切断のきずがある場合はグラインダで削る。

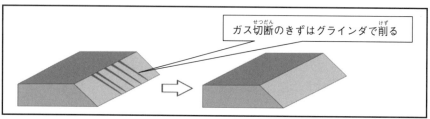

ガス切断のきずはグラインダで削る

図 4-2-7　ガス切断のきず

⑥　図 4-2-8 に示すように，裏波溶接では，ルート間隔を正しくとる。

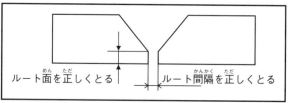

ルート面を正しくとる　　ルート間隔を正しくとる

図 4-2-8　裏波溶接のルート間隔

⑹　部材の組立て順序の確認
　　①　溶接が出来ないところが無いか，確認する。
　　②　溶接する順番を確認する。

⑺　タック溶接（仮付溶接）の確認
　　　タック溶接は製品を作るときに，部材を決められた位置に組立てる溶接である。
　　タック溶接は，次の点を確認しながらする。
　　①　タック溶接は，材料を仮に組立てる溶接である。その時，組立てる順序を考え
　　ながら溶接する。
　　②　タック溶接は溶接長さが短いため，スラグ巻込みや融合不良などの欠陥ができ
　　やすい。
　　③　タック溶接は，溶接長さを30〜50mm程度の長さにする。
　　④　図4-2-9のように部材の端や角にはタック溶接はしない。

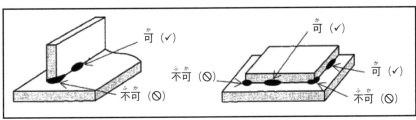

可（✓）
可（✓）
不可（◎）
不可（◎）
可（✓）
不可（◎）

図4-2-9　タック溶接の位置

　　⑤　タック溶接は，決められたところにする。
　　⑥　タック溶接が終ったら，よく掃除をして，割れなどが無いか検査する。
　　⑦　大きな力がかかる所には，本溶接する前にタック溶接を取除く。
　　⑧　厚板や割れやすい材料を溶接する時や寒い時にタック溶接する時は，予熱する
　　ことがある。
　　⑨　タック溶接に欠陥があると，そこから壊れることがあるため，取り除く。

⑻　溶接ジグの確認（例　図4-2-10）
　　　溶接ジグは，製品の寸法を正しく作ることができる。また作業がやりやすくなり，
　　溶接作業が早くなる。同じ条件で溶接ができるので，溶接の品質が良くなる。その
　　ため，製品に合わせたジグを作製して，使った方が良い。

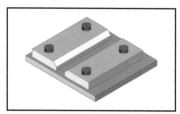
図4-2-10　溶接ジグの例

(9) エンドタブ（例　図4-2-11）

溶接部の始めと終わりにエンドタブを使用する。①～⑥は目的である。

① 溶接の始めと終わりは，溶落ちなどの欠陥ができやすいので，それを防ぐために使う。

② アークを発生してすぐには，アークが不安定でブローホールや融合不良の欠陥ができやすいので，それを防ぐために使う。

③ ビードの終わりにできるクレータは，割れができやすいので，それを防ぐために使う。

④ エンドタブは溶接した後，取り外すので，本溶接部に欠陥は残らないので，作業品質が良い。

⑤ エンドタブの取付けは，短い溶接長さなので，溶接変形を防ぐことはできない。

⑥ 磁気吹きの発生を防ぐことができる。（⑿を参照）

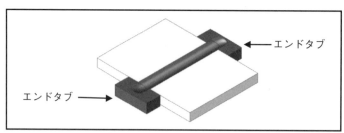
図4-2-11　エンドタブの例

(10) 裏はつり

母材の表・裏の両側から溶接するときに，図4-2-12のように，一層目の溶接に欠陥が入りやすい。そのため，裏側から欠陥を取る作業を裏はつりという。

裏はつりを行うと，溶接部の中に欠陥が残らないので，溶接の品質が良くなる。また裏から行うときの溶接電流も高くできるので，作業も行いやすくなる。

ただし，裏はつりを行うときは，その形や深さに注意しなければならない。

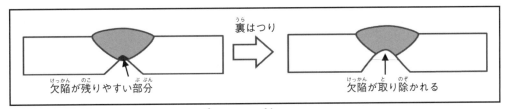

図 4-2-12　裏はつり

(11) 余盛

　余盛は図 4-2-13 に示すように，突合せ溶接の開先やすみ肉溶接で，必要以上に表面から盛り上がった部分である。

　図 4-2-14 のように，余盛を大きくすると，入熱や溶接量が増すために，変形が大きくなる。また，図 4-2-15 のように，余盛を高くすると，そこに力が集中して壊れやすくなる。

　また繰返す力が加わって壊れる疲労破壊については，図 4-2-16 のように，余盛高さを低くして，ビード形状をなだらかにすると疲労しなくなる。この場合でも，溶接金属の方が母材よりも引張強度が強いので，溶接のところから壊れない。

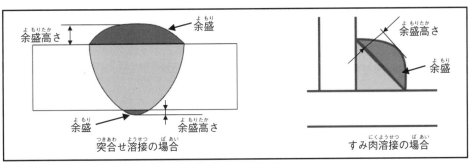

図 4-2-13　余盛

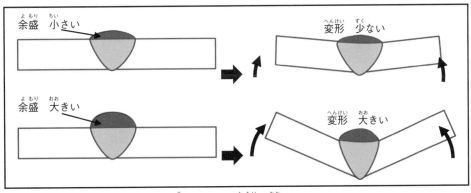

図 4-2-14　余盛が大きい

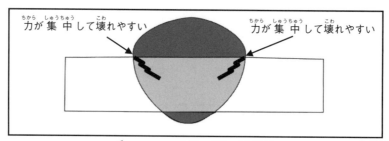

図 4-2-15　余盛と力の集中

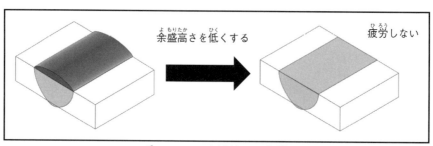

図 4-2-16　余盛高さと疲労

(12)　磁気吹き

　　磁気吹きは，直流電源を使ったときに，電線の周りにできる磁力によってアークが乱れる現象である。この現象は，溶接中にアークの周りの磁気によりアークが乱れる現象である。その結果大粒のスパッタが飛び散ったり，多くのブローホールが生じてこれが溶接欠陥となる。

　　磁気吹きを防止するために，母材のケーブルは確実につなぐ。図 4-2-17 のように，エンドタブを溶接の始めと終わりに取付ける。また母材の接続部から遠ざかる方向に溶接を進める。母材のケーブルは，細長い母材では両端に接続する。

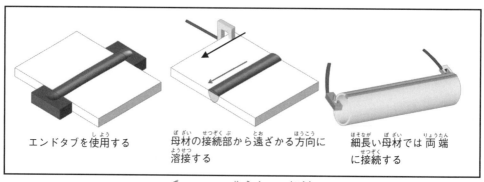

エンドタブを使用する

母材の接続部から遠ざかる方向に溶接する

細長い母材では両端に接続する

図 4-2-17　磁気吹きの対策

2. 溶接による変形

(1) 変形

アーク溶接すると，溶接部は温度が上がり膨らむ。その後，冷えてくると縮んでくる。この時，力が生じて変形が起こる。そのため，溶接すると力と変形が生じる。

変形の大きさは，金属の量とパス数によって決まり，金属の量が多くてパス数が多いほど変形が大きくなる。

開先の形状により変形量は変わる。突合せ継手の開先形状で，角変形（ひずみ）の生じやすい順は図4-2-18の通りである。

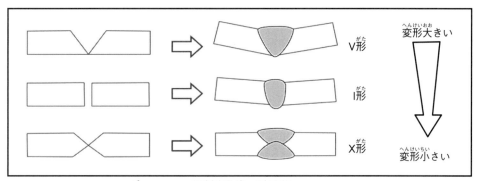

図4-2-18 開先形状と角変形（ひずみ）

(2) 変形を少なくする方法

① 溶接部に加える熱量を少なくする。

② 図4-2-19のように，溶接金属量を少なくする。

1）開先角度を狭くする。

2）ルート間隔を狭くする。

③ 1カ所に熱を集中させない。

④ 図4-2-20のように，板の表面と裏面から溶接する。

⑤ 拘束ジグを使って溶接する。

⑥ 図4-2-21のように，冷却ジグを使って溶接する。

⑦ 図4-2-22のように，溶接後の変形する大きさが分かっている場合は，逆ひずみ法を利用して熱の加える方向と逆に変形させておく。

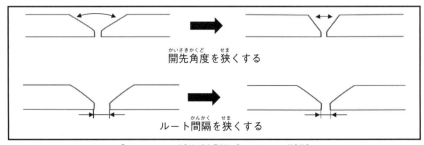

図 4-2-19　溶接金属量を減らす方法

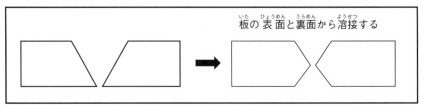

図 4-2-20　両面から溶接

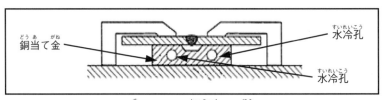

図 4-2-21　冷却ジグ法

出典：JIS 半自動溶接　受験の手引（日本溶接協会出版委員会編）

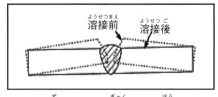

図 4-2-22　逆ひずみ法

出典：JIS 半自動溶接　受験の手引（日本溶接協会出版委員会編）

(3)　変形をなくす方法

①　溶接ビードをたたく，ピーニング法を使う。

②　ハンマーやロールあるいはプレスを使って取る。

③　バーナーで加熱して水冷することによって取る。

3. 予熱・後熱

溶接前に溶接する部分を加熱することを予熱，溶接後に溶接した部分を加熱することを後熱という。

予熱・後熱は，母材の硬化や割れの発生を防ぐことができる。溶接施工要領書に従って行うこと。

4. 残留応力について

アーク溶接すると，溶接部は温度が上がり膨らむ。その後，冷えてくると縮んでくる。この時，力が生じて変形が起こる。

変形しないように図4-2-23ように，拘束ジグで固定すると，残留応力（変形しようとする力）が発生する。残留応力が大きくなると，溶接部は弱くなる（壊れることがある）。残留応力は，金属の量が多くてパス数が多いほど大きくなる。そのため，図4-2-24ように，広い開先で溶接すると，残留応力は大きくなる。

残留応力を取るには，図4-2-25ように，溶接した後に熱処理する。

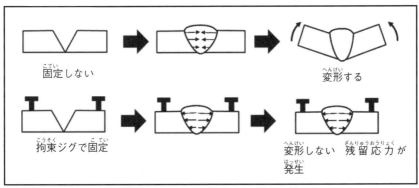

図4-2-23　逆ひずみ法

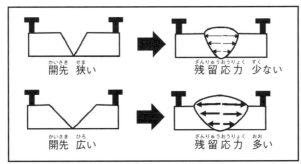

図4-2-24　開先の大きさと残留応力

― 109 ―

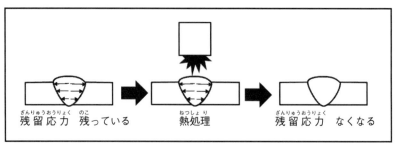

残留応力　残っている　　　　　熱処理　　　　　　残留応力　なくなる

図 4-2-25　残留応力をとる方法

第3節　溶接欠陥とその防止法

1.　溶接欠陥の種類

溶接欠陥には，外部欠陥と内部欠陥がある。その中の代表的な欠陥について述べる。

(1)　図4-3-1の融合不良は，溶接の境界部分がとけていない欠陥である。融合不良があると，その部分に力が集中するので，溶接部が弱くなる。

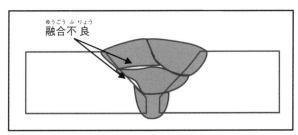

図4-3-1　融合不良

対策として，開先角度を広くし，ビードとビードの間または開先との境目に谷間をなくすことが必要である。

次に溶接電流を高くして，アーク電圧は高くし過ぎないようにする。溶接するときは大きなウィービングは避ける。

(2)　図4-3-2の溶込不良は，決められた溶込みに対して，実際の溶込みが不足している欠陥である。欠陥部分に力が集中するので，溶接部が弱くなる。

図4-3-2　溶込不良

対策として，開先角度を広く，ルート面を少なくして，ルート間隔は広くする。溶接電流は高くし，アーク電圧は高くし過ぎないようにする。溶接するときは，図4-3-3のように，アークよりも溶融池を先行させないようにする。

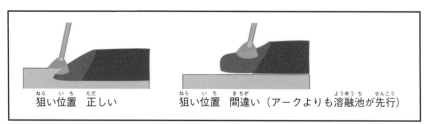

狙い位置 正しい　　　　狙い位置 間違い（アークよりも溶融池が先行）

図4-3-3　溶込不良の対策　アークの位置

(3) **図4-3-4のアンダカットは，溶接ビードと母材の境界（止端）にできた溝である。**

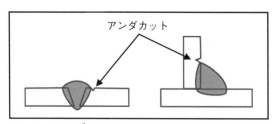

アンダカット

図4-3-4　アンダカット

　アンダカットがあると，その部分に力が集中するので，溶接部が弱くなる。
　アンダカットは，溶接電流やアーク電圧が高すぎるときにできやすい。その他には，アーク長が長すぎるときや，溶接棒・トーチ角度が傾きすぎるときにもできる。また溶接速度が速すぎるときにもできる。
　対策として，適正な溶接電流・アーク電圧・溶接速度でトーチ角度に注意して溶接作業を行う。

(4) **図4-3-5のオーバラップは，溶接ビードと母材の境界（止端）が溶けないで重なったところである。形状が切欠きとなり，割れにつながる。**

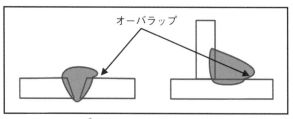

オーバラップ

図4-3-5　オーバラップ

　オーバラップは，溶接電流やアーク電圧が低いときにできやすい。また溶接速度が遅すぎるときにもできる。

対策として，適正溶接電流・アーク電圧に調整し，適正な溶接速度で溶接作業を行う。

(5) 割れ

溶接で最も問題となる欠陥は，割れである。割れには図4-3-6のような種類がある。割れがあると，その部分に力が集中するので，壊れやすくなる。

低温割れ（ルート割れ，止端割れ，ビード下割れ）は水素が原因で割れるので，そのような材料に被覆アーク溶接を行う場合は，十分乾燥した低水素系溶接棒を使用する。

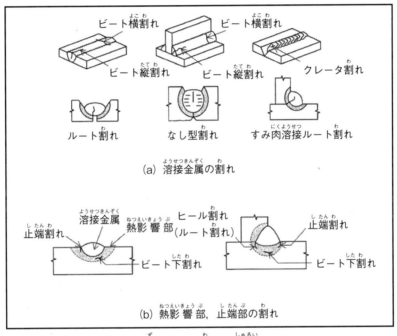

図4-3-6　割れの種類

(6) ブローホール

ブローホールとは図4-3-7ように，溶接金属の中に気泡が残ったものである。

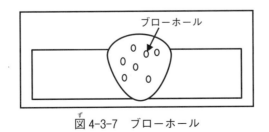

図4-3-7　ブローホール

溶接金属の中にブローホールが多くなると，継手の強度を低下させることがある。
　対策として，開先の汚れを十分に清掃する。また，被覆アーク溶接の場合は，溶接作業をする前に溶接棒を乾燥する。半自動マグ溶接の場合は，さびた溶接ワイヤは使わない。シールドガスの炭酸ガスが出ていることを確認する。風がある場合は，風の対策をする。ノズルにスパッタが詰まっているときは，掃除をする。溶接作業中は，突出し長さを短くする。

(7)　スラグ巻込み

　スラグ巻込みとは図4-3-8のように，溶接金属の中にスラグが巻き込まれて，残ったものである。
　対策として，溶接電流を高くする，アーク長は短くする。

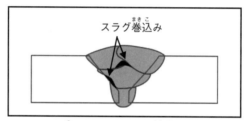

図4-3-8　スラグ巻込み

2.　溶接欠陥の原因と防止対策
(1)　割れの原因と防止
　a．割れは次のような場合に発生する。
　　①　母材に炭素(C)，ケイ素 (Si)，マンガン (Mn) 等の，合金成分が多く含まれている鋼材を使用したとき。
　　②　母材の板厚が厚く，溶接部分が急冷されるとき。
　　③　母材が冷えているとき（寒い季節等）。
　　④　溶接速度が速過ぎるとき。
　　⑤　溶接棒が適正でないとき。
　　⑥　拘束力が大きいとき。
　　⑦　不純物が多いとき。
　　⑧　溶接棒が吸湿しているとき。
　b．割れを防止するには次のような方法がある。
　　①　水素量の少ない低水素系溶接棒を使用する。
　　②　ゆっくり冷やす（予熱をする）。

③ 拘束力が大きくならないように，溶接順序を工夫する。
④ 溶接速度を遅くする。
⑤ 溶接棒を乾燥させる。
⑥ 予熱及び後熱を行う。

(2) 割れ以外の溶接欠陥

割れ以外の溶接欠陥の原因と予防対策例を 表 4-3-1 に示す。

表 4-3-1　溶接欠陥と，その防止対策

欠陥	形 状	原 因	対 策
1 ビード外観不良		①溶接電流がわるい ②運棒がわるい ③棒径が太すぎる ④溶接作業者の技術不足	①適切な電流にする ②運棒をよくする ③母材に合った棒にする ④溶接作業者の技術を向上させる
2 溶込み不良		①溶接電流が低い ②開先角度が狭い ③裏はつり不良	①十分な溶込みが得られるよう電流を上げる ②開先角度を大きくする ③完全な裏はつりをする
3 アンダカット		①棒の保持角度が悪い ②溶接電流が高い ③溶接棒が悪い	①適切な角度，運棒をする ②電流を下げる ③適した溶接棒をつかう
4 オーバラップ		①溶接速度がおそい ②運棒がわるい ③電流が低い	①適切な溶接速度にする ②棒角度に気をつける ③適正電流に調整する
5 ピット ブローホール	ピット ブローホール	①過大電流，運棒がわるい ②開先にペンキ等がついている ③溶接棒が湿っている ④板厚大で急冷される	①アークを長くしたり過度のウィービングをしない ②開先の清掃 ③棒の乾燥 ④予熱をする
6 スラグ巻込み 融合不良	スラグ巻込み 融合不良	①前層のスラグをよくとらない ②運棒がわるい ③開先角度が小さすぎる ④母材が傾いている	①スラグを十分よくとり確かめる ②電流をやや強く，良い運棒にする ③開先角度を広げる

(3) 溶接欠陥の補修

溶接欠陥が発生したときは，欠陥部分をガウジングやグラインダで除去し，再溶接をする。ただし，割れのように重大な欠陥の場合には，上司に報告，その原因を調査し，原因を取り除くか，溶接方法を再検討して適正な方法に変える（割れが発生したときは，作業者の判断で補修を行なってはならない）。補修溶接は，本溶接以上に丁寧に行わなければならない。

第4章　確認問題

基礎問題

（1）　タック溶接は，本溶接の前に位置決めとして行う組立て溶接である。

（2）　タック溶接に，欠陥があってもよい。

（3）　タック溶接は，何処にしてもよい。

（4）　高い溶接電流で溶接するとアンダカットができやすい。

（5）　低い溶接電流で溶接するとアンダカットができやすい。

（6）　速い溶接速度で溶接するとアンダカットができやすい。

（7）　高い溶接電流で溶接すると，オーバラップができやすい。

（8）　低い溶接電流で溶接すると，オーバラップができやすい。

（9）　遅い溶接速度で溶接すると，オーバラップができやすい。

（10）　溶接電流が高すぎると，溶込不良ができやすい。

（11）　開先角度を狭くすると，溶込不良ができやすい。

（12）　アンダカットがあると，溶接部は弱くなる。

（13）　溶込不良があると，溶接部は弱くなる。

（14）　割れがあると，溶接部は弱くなる。

応用問題

（1）　溶接するときは，開先に付いている油やペンキが付いていても問題がない。

（2）　溶接する前には，開先は水で洗う。

（3）　溶接するときは，材料のルート間隔を正しくとる。

（4）　板厚の厚い材料の場合は，開先角度を狭くする。

（5）　図の①の部分をルート間隔という。

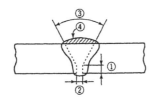

（6） 図の②の部分をルート面という。

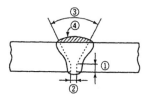

（7） 図の③の部分を開先角度という。

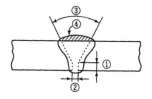

（8） 図の④の部分を母材という。

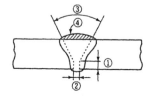

（9） 図の①の部分をルート間隔という。

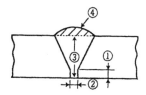

（10） 図の②の部分をルート面という。

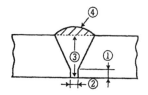

(11) 図の③の部分を母材という。

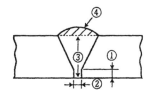

(12) 図の④の部分を余盛という。

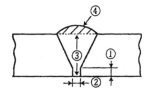

(13) 図の①の部分を脚長という。

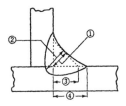

(14) 図の②の部分を脚長という。

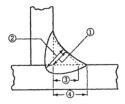

(15) 図の③の部分を脚長という。

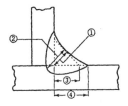

(16) 図の④の部分を脚長という。

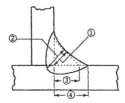

(17) T継手に矢印の方向から(P)の力が働くとき，強いものは(a)である。

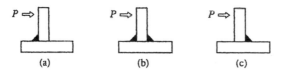

(18) T継手に矢印の方向から(P)の力が働くとき，強いものは(b)である。

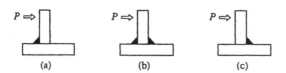

(19) T継手に矢印の方向から(P)の力が働くとき，強いものは(c)である。

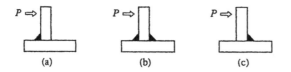

(20) ①の継手を突合せ継手という。

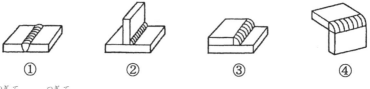

(21) ②の継手をT継手という。

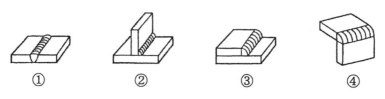

(22) ③の継手をヘリ継手という。

  ①   ②   ③   ④

(23) ④の継手を角継手という。

  ①   ②   ③   ④

(24) 次の突合せ継手の開先形状で，角変形の生じやすいのは，V形である。

a V形

b X形

c I形

(25) 次の突合せ継手の開先形状で，角変形の生じやすいのは，X形である。

a V形

b X形

c I形

(26) 次の突合せ継手の開先形状で，角変形の生じやすいのは，I形である。

a V形

b X形

c I形

(27)　次の溶接記号の説明は，「すみ肉溶接」である。

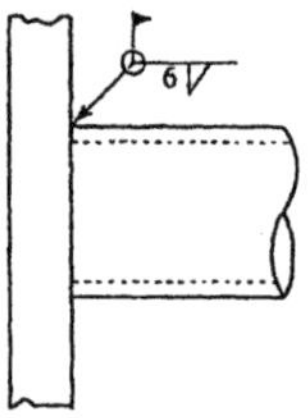

(28)　次の溶接記号の説明は，「脚 長 6 mm」である。

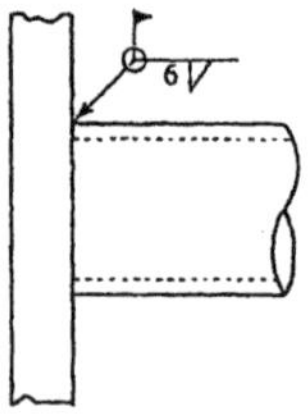

(29)　次の溶接記号の説明は，「全 周 現場溶接」である。

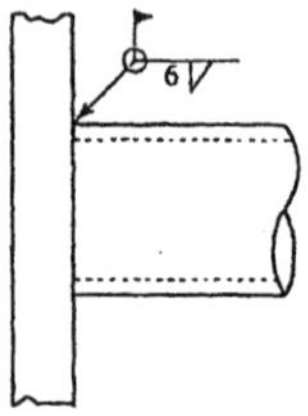

(30)　次の溶接記号の説明は，「のど厚 6 mm」である。

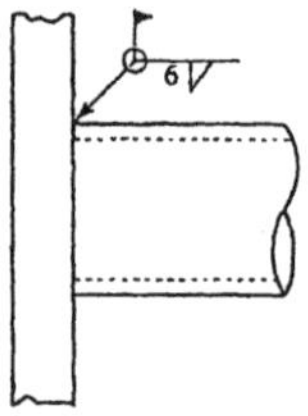

(31)　溶接記号の「V」は，レ形開先という意味である。
(32)　溶接記号の「レ」は，Ｉ形開先という意味である。
(33)　溶接記号の「◺」は，すみ肉溶接という意味である。
(34)　溶接記号の「⚑」は，工 場 溶接という意味である。

(35) 溶接記号は，工場で溶接を行い，余盛はチッパーで平らに仕上げという意味である。

(36) 溶接記号は，工場で溶接を行い，余盛はそのままにしておくという意味である。

(37) 溶接記号は，現場で溶接を行い，余盛はグラインダで平らに仕上げるという意味である。

(38) 溶接記号は，現場で溶接を行い，余盛はグラインダで凸に仕上げるという意味である。

(39) (a)の溶接記号の実形は，(1)である。

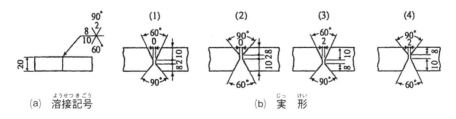

(a) 溶接記号   (b) 実形

(40) (a)の溶接記号の実形は，(2)である。

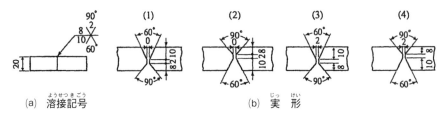

(a) 溶接記号　　　　　　　　　　　(b) 実形

(41) (a)の溶接記号の実形は，(3)である。

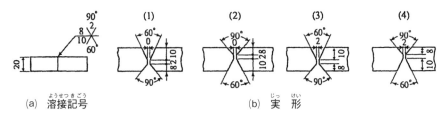

(a) 溶接記号　　　　　　　　　　　(b) 実形

(42) (a)の溶接記号の実形は，(4)である。

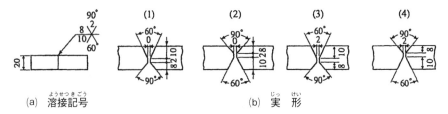

(a) 溶接記号　　　　　　　　　　　(b) 実形

(43) (a)の溶接記号の実形は，(1)である。

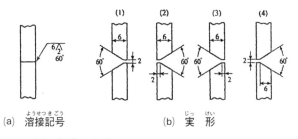

(a) 溶接記号　　　　　　　(b) 実形

(44) (a)の溶接記号の実形は，(2)である。

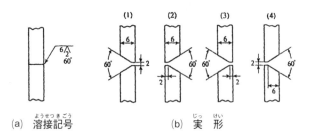

(a) 溶接記号　　　　　　　(b) 実形

(45)　(a)の溶接記号の実形は，(3)である。

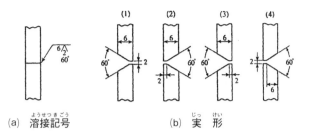

(a)　溶接記号　　　　　　　(b)　実 形

(46)　(a)の溶接記号の実形は，(4)である。

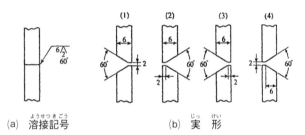

(a)　溶接記号　　　　　　　(b)　実 形

(47)　(a)の溶接記号の実形は，(1)である。

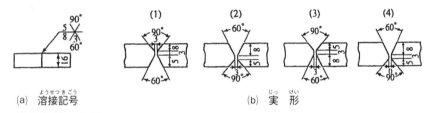

(a)　溶接記号　　　　　　　(b)　実 形

(48)　(a)の溶接記号の実形は，(2)である。

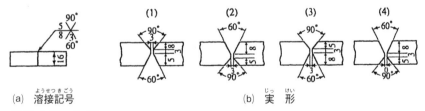

(a)　溶接記号　　　　　　　(b)　実 形

(49)　(a)の溶接記号の実形は，(3)である。

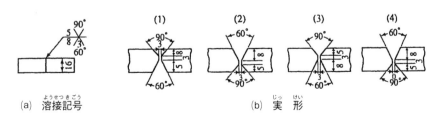

(a)　溶接記号　　　　　　　(b)　実 形

(50)　(a)の溶接記号の実形は，(4)である。

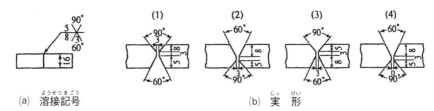

(a)　溶接記号　　　　　　　　　　　(b)　実　形

(51)　(a)の溶接記号の実形は，(1)である。

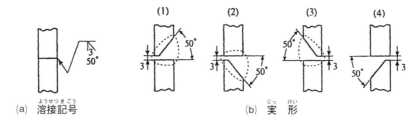

(a)　溶接記号　　　　　　　　　　　(b)　実　形

(52)　(a)の溶接記号の実形は，(2)である。

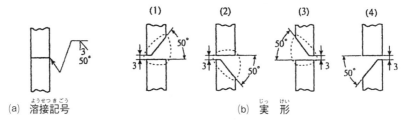

(a)　溶接記号　　　　　　　　　　　(b)　実　形

(53)　(a)の溶接記号の実形は，(3)である。

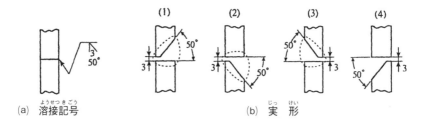

(a)　溶接記号　　　　　　　　　　　(b)　実　形

(54) (a)の溶接記号の実形は，(4)である。

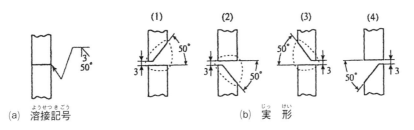

(a) 溶接記号   (b) 実 形

(55) (a)の溶接記号の実形は，(1)である。

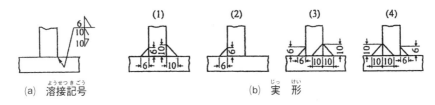

(a) 溶接記号   (b) 実 形

(56) (a)の溶接記号の実形は，(2)である。

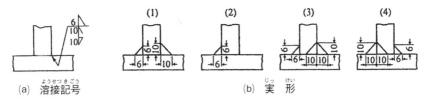

(a) 溶接記号   (b) 実 形

(57) (a)の溶接記号の実形は，(3)である。

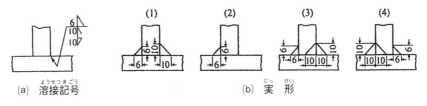

(a) 溶接記号   (b) 実 形

(58) (a)の溶接記号の実形は，(4)である。

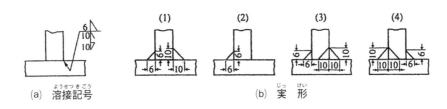

(a) 溶接記号   (b) 実 形

(59) (a)の溶接記号の実形は, (1)である。

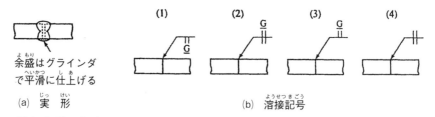

余盛はグラインダ
で平滑に仕上げる

(a) 実 形　　　　　　　　　　　(b) 溶接記号

(60) (a)の溶接記号の実形は, (2)である。

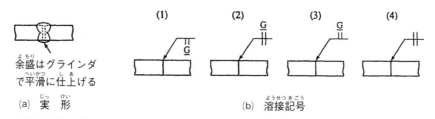

余盛はグラインダ
で平滑に仕上げる

(a) 実 形　　　　　　　　　　　(b) 溶接記号

(61) (a)の溶接記号の実形は, (3)である。

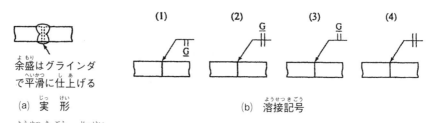

余盛はグラインダ
で平滑に仕上げる

(a) 実 形　　　　　　　　　　　(b) 溶接記号

(62) (a)の溶接記号の実形は, (4)である。

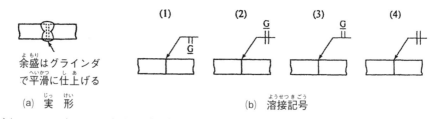

余盛はグラインダ
で平滑に仕上げる

(a) 実 形　　　　　　　　　　　(b) 溶接記号

(63) 溶接ジグを使うと, 製品の寸法が正しく作れる。
(64) 溶接ジグを使うと, 溶接作業が遅くなる。
(65) 溶接ジグを使うと, 溶接の品質が悪くなる。
(66) 溶接するときは, 溶接ジグは使わない。
(67) タック溶接（仮付溶接）は, 材料を仮組立てするもので, 順序は考えない。
(68) タック溶接（仮付溶接）には, 欠陥があってもよい。
(69) タック溶接（仮付溶接）は, 決められたところにする。
(70) タック溶接（仮付溶接）の検査はいらない。
(71) 溶接の始めと終わりに欠陥ができやすいので, エンドタブを使う。

(72) エンドタブを付けると，母材が固定できて変形が防止できる。

(73) エンドタブをもちいると，作業がやりやすくなる。

(74) エンドタブは，磁気吹きの防止に使われる。

(75) 逆ひずみを付けて溶接すると，変形が防止できる。

(76) 拘束して溶接すると，変形が防止できる。

(77) 開先角度を大きくして溶接すると，変形が防止できる。

(78) 母材の表と裏側から溶接すると，変形が防止できる。

(79) 開先角度を小さくすると，変形が防止できる。

(80) 溶着金属量を多くすると，変形が防止できる。

(81) 予熱や後熱を行うと変形が防止できる。

(82) 厚板の溶接を表と裏側から溶接するときに，一層目の溶接のときに欠陥ができやすい。この欠陥を裏側から取る作業を裏はつりという。

(83) 裏はつりをすると，欠陥ができやすくなる。

(84) 厚板の溶接を表と裏側から溶接するときは，裏はつりは行わない。

(85) 裏はつりの形や深さは，決まりがない。

(86) 溶接した後，残留応力が大きくなると，溶接部は強くなる。

(87) 残留応力を取るときは，溶接した後に熱処理する。

(88) 溶接ジグを使って溶接すると，残留応力は少なくなる。

(89) 開先を広くして溶接すると，残留応力は少なくなる。

(90) 余盛を高くした方が，力が集中しない。

(91) 余盛を母材の厚さまで平らに仕上げると，引張強度が弱くなる。

(92) 余盛を大きくすると，変形が大きくなる。

(93) 余盛を少なくすると，引張強度が弱くなる。

(94) 母材のケーブルを確実につなぐと，磁気吹きの防止対策になる。

(95) エンドタブを使用すると，磁気吹きの防止対策になる。

(96) 母材の接続部から遠ざかる方向に溶接をすると，磁気吹きの防止対策になる。

(97) 細長い母材の場合は，母材のケーブルを両端につなぐと，磁気吹きの防止対策になる。

(98) 開先溶接のときに，溶接電流が高すぎると，アンダカットができる。

(99) 開先溶接のときに，溶接電流が低すぎると，アンダカットができる。

(100) 開先溶接のときに，溶接速度が遅すぎると，アンダカットができる。

(101) 開先溶接のときに，アーク電圧が低すぎると，アンダカットができる。

(102) 開先溶接のときに，溶接電流が高すぎると，オーバラップができる。

(103) 開先溶接のときに，溶接電流が低すぎると，オーバラップができる。

(104) 開先溶接のときに，溶接速度が速やすぎると，オーバラップができる。

(105) 開先溶接のときに，アーク電圧が高すぎると，オーバラップができる。

(106) 溶接電流が高すぎると，溶込不良ができる。

(107) 開先角度が広いと，溶込不良ができる。

(108) ルート間隔が狭いと，溶込不良ができる。

(109) ルート面が少ないと，溶込不良ができる。

(110) 溶接部にアンダカットがあると，溶接部は強くなる。

(111) 溶接部に溶込不良があると，溶接部は強くなる。

(112) 溶接部に割れがあると，溶接部は弱くなる。

(113) 溶接部に融合不良があっても，溶接部の強度には関係しない。

(114) 半自動マグ溶接で，炭酸（CO_2）ガスが出ていないと，ブローホールが発生する。

(115) 半自動マグ溶接で，ワイヤが錆びていると，ブローホールが発生する。

(116) 半自動マグ溶接で，ワイヤ突出し長さが長いと，ブローホールが発生する。

(117) 半自動マグ溶接で，ノズルにスパッタがつまっていると，ブローホールが発生する。

(118) 予熱は，溶接する前に溶接部を加熱することである。

(119) 後熱は，溶接した後に溶接部を加熱することである。

(120) 予熱・後熱をすると，溶接部が軟らかくなり，割れが発生する。

(121) 予熱・後熱をすると，母材の硬化や割れの発生を防ぐことができる。

(122) 溶接施工要領書作成の主な役割は，溶接施工コストの低減である。

(123) 溶接施工要領書作成の主な役割は，溶接品質の確保である。

(124) 溶接施工要領書作成の主な役割は，溶接変形の低減である。

(125) 溶接施工要領書作成の主な役割は，溶接検査の省略である。

(126) 現場で溶接施工要領書に代わって使われるのは，品質マニュアルである。

(127) 現場で溶接施工要領書に代わって使われるのは，溶接作業指示書である。

(128) 現場で溶接施工要領書に代わって使われるのは，溶接検査要領書である。

(129) 現場で溶接施工要領書に代わって使われるのは，安全確認書である。

(130) 溶接入熱の計算に必要なのは，アーク電圧，溶接速度，パス間温度である。

(131) 溶接入熱の計算に必要なのは，アーク電圧，溶接速度，溶接電流である。

(132) 溶接入熱の計算に必要なのは，アーク電圧，溶接電流，パス間温度である。

(133) 溶接入熱の計算に必要なのは，溶接電流，溶接速度，パス間温度である。

(134) 溶接入熱が大きくなると溶接部の冷却速度は，遅くなる。

(135) 溶接入熱が大きくなると溶接部の冷却速度は，変らない。

(136) 溶接入熱が大きくなると溶接部の冷却速度は，速くなる。

(137) 溶接入熱が大きくなると溶接部の冷却速度は，薄板では遅くなるが，厚板では速くなる。

(138) 溶接入熱の計算に不要なものは，アーク電圧である。

(139) 溶接入熱の計算に不要なものは，溶接電流である。

(140) 溶接入熱の計算に不要なものは，板厚である。

(141) 溶接入熱の計算に不要なものは，溶接速度である。

(142) 溶接入熱の単位は，cm/分である。

(143) 溶接入熱の単位は，J/cmである。

(144) 溶接入熱の単位は，kg/cmである。

(145) 溶接入熱の単位は，N/mm^{2}である。

(146) 溶接前に行う検査は，非破壊検査である。

(147) 溶接前に行う検査は，外観検査である。

(148) 溶接前に行う検査は，裏はつり検査である。

(149) 溶接前に行う検査は，開先検査である。

(150) 溶接中に行う検査は，非破壊検査である。

(151) 溶接中に行う検査は，外観検査である。

(152) 溶接中に行う検査は，裏はつり検査である。

(153) 溶接中に行う検査は，開先検査である。

第 4 章　確認問題の解答と解説

基礎問題

（1）　○

（2）　×　欠陥があると，そこから壊れる。

（3）　×　決められたところにする。

（4）　○

（5）　×　低い溶接電流で溶接すると，オーバラップができやすい。

（6）　○

（7）　×　高い溶接電流で溶接すると，アンダカットができやすい。

（8）　○

（9）　○

（10）　×　溶接電流を高くすると，溶込みが深くなる。

（11）　○

（12）　○

（13）　○

（14）　○

応用問題

（1）　×　開先に油やペンキがついていると，ブローホールなどの欠陥ができる。

（2）　×　水で洗うと，材料が錆びたり，ブローホールなどの欠陥ができる。

（3）　○

（4）　×　開先角度を狭くすると，溶込不良や融合不良ができる。

（5）　×　①の部分は，ルート面という。

（6）　×　②の部分は，ルート間隔という。

（7）　○

（8）　×　④の部分は，余盛という。

（9）　×　①の部分は，ルート面という。

（10）　×　②の部分は，ルート間隔という。

（11）　×　③の部分は，理論のど厚（板厚）という。

（12）　○

（13）　×　①の部分は，理論のど厚という。

(14)　×　②の部分は，実際のど厚という。

(15)　×　③の部分は，サイズという。

(16)　○

(17)　×　強いものは(b)である。

(18)　○

(19)　×　弱いものは(c)である。

(20)　○

(21)　○

(22)　×　③の継手を重ね継手という。

(23)　○

(24)　○

(25)　×　角変形の生じやすいのは，Ｖ形である。

(26)　×　角変形の生じやすいのは，Ｖ形である。

(27)　○

(28)　○

(29)　○

(30)　×　「のど厚」の書き方がない。

(31)　×　溶接記号の「Ｖ」はＶ形開先という意味である。

(32)　×　溶接記号の「レ」はレ形開先という意味である。

(33)　○

(34)　×　現場溶接という意味である。

(35)　×　現場で溶接を行い，余盛はグラインダで凸に仕上げる。

(36)　×　現場で溶接を行い，余盛はグラインダで凸に仕上げる。

(37)　×　現場で溶接を行い，余盛はグラインダで凸に仕上げる。

(38)　○

(39)　×　(3)である。

(40)　×　(3)である。

(41)　○

(42)　×　(3)である。

(43)　×　(4)である。

(44)　×　(4)である。

(45)　×　(4)である。

(46)　○

(47)　×　(2)である。

(48)　○

(49)　×　(2)である。

(50)　×　(2)である。

(51)　○

(52)　×　(1)である。

(53)　×　(1)である。

(54)　×　(1)である。

(55)　×　(3)である。

(56)　×　(3)である。

(57)　○

(58)　×　(3)である。

(59)　×　(2)である。

(60)　○

(61)　×　(2)である。

(62)　×　(2)である。

(63)　○

(64)　×　溶接作業が速くなる。

(65)　×　溶接の品質が良くなる。

(66)　×　溶接ジグを使った方がよい。

(67)　×　順序を考えて行う。

(68)　×　欠陥のところから壊れる。

(69)　○

(70)　×　欠陥がないか検査する。

(71)　○

(72)　×　溶接長が短いので，変形が防止できない。

(73)　○

(74)　○

(75)　○

(76)　○

(77)　×　金属量と熱量が増えるので，より変形する。

(78)　○

(79)　○

(80) × 金属量と熱量が増えるので，より変形する。

(81) × 予熱や後熱は，変形には関係しない。

(82) ○

(83) × 欠陥を取る作業である。

(84) × 初めの溶接部に欠陥ができやすいので，裏はつりをする。

(85) × 両面からの熱量を同じになるように，形や深さを考える。

(86) × 残留応力が大きくなると，溶接部は壊れやすくなる。

(87) ○

(88) × 残留応力は大きくなる。

(89) × 金属量と熱量が増えるので，残留応力は多くなる。

(90) × 余盛を高くすると，力が集中する。

(91) × 平らに仕上げても，溶接部は母材より引張強度が強い。

(92) ○

(93) × 余盛を少なくしても，溶接部は母材より引張強度が強い。

(94) ○

(95) ○

(96) ○

(97) ○

(98) ○

(99) × 溶接電流が低すぎると，オーバラップができる。

(100) × 溶接速度が遅すぎると，オーバラップができる。

(101) × アーク電圧が低すぎると，オーバラップができる。

(102) × 溶接電流が高すぎると，アンダカットができる。

(103) ○

(104) × 溶接速度が速やすぎると，アンダカットができる。

(105) × アーク電圧が高すぎると，アンダカットができる。

(106) × 溶接電流を高くすると，溶込みが深くなる。

(107) × 開先角度が狭いときに，溶込不良ができる。

(108) ○

(109) × ルート面が多いときに，溶込不良ができる。

(110) × アンダカットがあると，溶接部は弱くなる。

(111) × 溶込不良があると，溶接部は弱くなる。

(112) ○

(113) ✕ 融合不良<ruby>ゆうごう<rt></rt></ruby>があると，溶接部<ruby>ようせつぶ<rt></rt></ruby>は弱くなる。

(114) ◯

(115) ◯

(116) ◯

(117) ◯

(118) ◯

(119) ◯

(120) ✕ 予熱<ruby>よねつ<rt></rt></ruby>・後熱<ruby>ごねつ<rt></rt></ruby>をすると，溶接部<ruby>ようせつぶ<rt></rt></ruby>が軟らかくなり，割れにくくなる。

(121) ◯

(122) ✕ 溶接施工要領書作成の主な役割は，溶接品質の確保である。

(123) ◯

(124) ✕ 溶接施工要領書作成の主な役割は，溶接品質の確保である

(125) ✕ 溶接施工要領書作成の主な役割は，溶接品質の確保である

(126) ✕ 溶接作業指示書である。

(127) ◯

(128) ✕ 溶接作業指示書である。

(129) ✕ 溶接作業指示書である。

(130) ✕ 計算に必要なのは，アーク電圧，溶接速度，溶接電流である。

(131) ◯

(132) ✕ 計算に必要なのは，アーク電圧，溶接速度，溶接電流である。

(133) ✕ 計算に必要なのは，アーク電圧，溶接速度，溶接電流である。

(134) ◯

(135) ✕ 溶接入熱が大きくなると溶接部の冷却速度は，遅くなる。

(136) ✕ 溶接入熱が大きくなると溶接部の冷却速度は，遅くなる。

(137) ✕ 溶接入熱が大きくなると溶接部の冷却速度は，遅くなる。

(138) ✕ 計算に必要なのは，アーク電圧，溶接速度，溶接電流である。

(139) ✕ 計算に必要なのは，アーク電圧，溶接速度，溶接電流である。

(140) ◯

(141) ✕ 計算に必要なのは，アーク電圧，溶接速度，溶接電流である。

(142) ✕ 溶接入熱の単位は，J/cmである。

(143) ◯

(144) ✕ 溶接入熱の単位は，J/cmである。

(145) ✕ 溶接入熱の単位は，J/cmである。

(146)　×　溶接前に行う検査は，開先検査である。

(147)　×　溶接前に行う検査は，開先検査である。

(148)　×　溶接前に行う検査は，開先検査である。

(149)　○

(150)　×　溶接中に行う検査は，裏はつり検査である。

(151)　×　溶接中に行う検査は，裏はつり検査である。

(152)　○

(153)　×　溶接中に行う検査は，裏はつり検査である。

第5章　溶接部の試験と検査

第1節　破壊試験

　破壊試験は，溶接部を壊して試験する方法である。その代表的な試験方法を取上げる。

表 5-1-1　破壊試験の種類

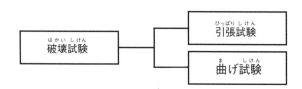

1. 引張試験

　引張試験によって，引張強さ，降伏点又は耐力，伸びを調べる。

　引張強さは，図5-1-1のような試験片の断面積（厚さ㎜×幅㎜）と最大荷重（N）との関係から求めることができる。

$$引張強さ（N／mm^2）＝\frac{最大荷重（N）}{試験片の断面積（厚さ㎜×幅㎜）}$$

　図5-1-2のように，試験後に伸びた長さは，「試験後の長さ－試験前の長さ」で求められる。

　伸び（率）は，「試験後に伸びた長さと試験前の長さの割合」で求めることができる。

$$伸び（率）（\%）＝\frac{試験片の伸びた量}{試験前の長さ}×100$$

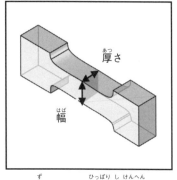

図 5-1-1　引張試験片

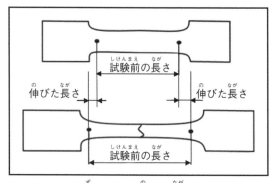

図 5-1-2　伸びた長さ

2. 曲げ試験

　曲げ試験は，溶接部の延性（変形性能）や欠陥を調べるために行なわれる。

　曲げ試験には，図5-1-3のように型曲げ試験とローラ曲げ試験がある。

　曲げ方法には図5-1-4のように，表曲げ，裏曲げ，側（がわ）曲げの3種類がある。

　JIS評価試験では，試験片を180°までU字形に曲げ，曲げられた試験片の外面に生じた欠陥の大きさ及び数によって合否を判定している。

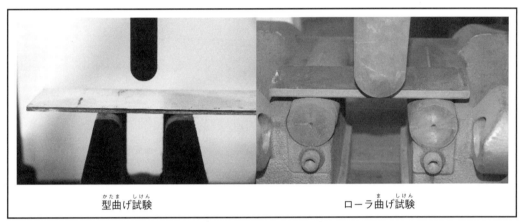

型曲げ試験　　　　　　　　ローラ曲げ試験

図5-1-3　曲げ試験方法

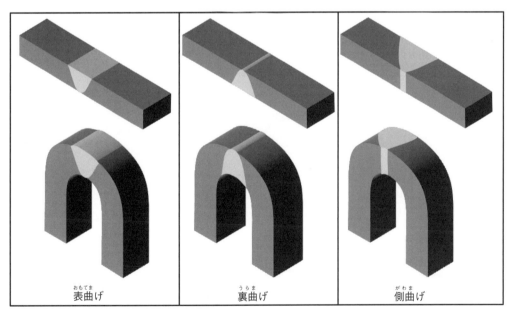

表曲げ　　　　　　　　裏曲げ　　　　　　　　側曲げ

図5-1-4　曲げの種類

溶接技能実習評価試験の判定基準は，以下の欠陥が認められる場合は不合格とする。

① 3.0mmを超える割れがある場合
② 3.0mm以下の割れの合計長さが，7.0mmを超える場合
③ ブローホール及び割れの合計数が10個を超える場合
④ アンダカット，溶込不良，スラグ巻込みなどが著しい場合

第2節　非破壊試験

　非破壊試験とは，製品を破壊せずに，欠陥の有無，位置，大きさ，形状，分布状態等を調べる試験である。

　主な非破壊試験の方法は表5-2-1である。

表 5-2-1　非破壊試験の種類

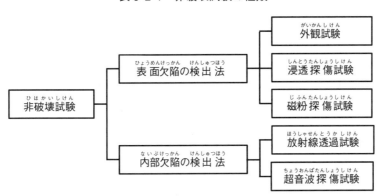

1.　外観試験

　外観試験は目や測定具（ルーペなど）を使って，溶接部の表面にある欠陥を探す試験である。外観試験では次のことを調べる。

① 製品寸法（変形も含む）。
② 余盛，のど厚，脚長，すみ肉のサイズ等の形状・寸法。
③ 溶接ビードの波形や凹凸。
④ 溶接開始点，クレータ処理。
⑤ アンダカット，オーバラップ，ピット，裏面の溶込不良，割れ。

2.　浸透探傷試験（カラーチェック）

　浸透探傷試験は，液体が狭い「すきま」（欠陥）に浸み込むことを利用している。この試験は，表面にある欠陥を簡単に早く調べることができる。また，設備費用が安く，いろいろな材質で試験できるが，内部の欠陥は検出できない。

　図5-2-1は浸透探傷試験のやり方である。

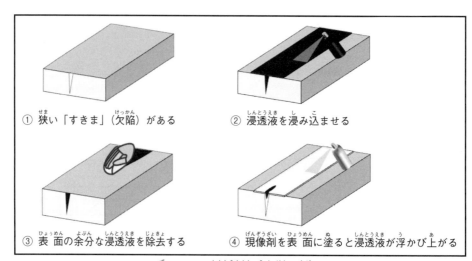

① 狭い「すきま」(欠陥) がある　　② 浸透液を浸み込ませる

③ 表面の余分な浸透液を除去する　　④ 現像剤を表面に塗ると浸透液が浮かび上がる

図5-2-1　浸透探傷試験の流れ

3. 磁粉探傷試験

　　磁粉探傷試験は，磁粉 (鉄の粉) が磁石に吸いつけられることを利用して，溶接部の割れ等の欠陥を探す方法である。図5-2-2は，極間法による磁化の方法であり，欠陥がある場合は，磁粉 (鉄の粉) が模様をつくる。

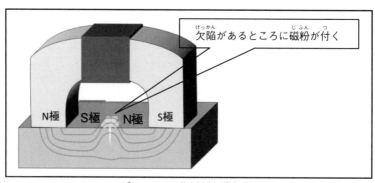

欠陥があるところに磁粉が付く

N極　S極　N極　S極

図5-2-2　磁粉探傷試験

　　磁粉探傷試験には，次の条件が必要である。
① 試験体は，鋼のような磁石に付く材料であること……オーステナイト系ステンレス鋼 (SUS304)，アルミニウム，銅，チタン等はできない。
② 割れなどの欠陥が表面に出ていること。

4. 放射線透過試験 (X線・レントゲン)

　　放射線透過試験は，X線 (レントゲン) が物質を透過する性質を利用して，溶接部の

内部欠陥を調べる方法である。図 5-2-3 のように，内部に立体的な欠陥があると，その部分はX線の吸収量が少なくなる。そうすると，試験片の裏側に置かれたフィルムには他の部分よりも強いX線が当たる。そのためフィルムは周りよりも黒くなる。このように，ブローホールやスラグ巻込みのような立体的な欠陥の検出に適している。

　　放射線透過試験（X線・レントゲン）は試験片の裏側にフィルムが置けないところではできない。

　　図 5-2-4 は，ブローホールとスラグ巻込みの例である。

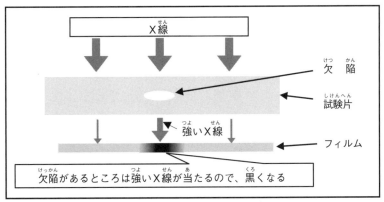

図 5-2-3　放射線透過試験の原理

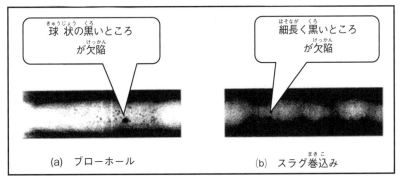

(a)　ブローホール　　　　　　　(b)　スラグ巻込み

図 5-2-4　放射線透過試験の結果例

　　放射線透過試験には次のような特徴がある。

a.　長所
　　①　欠陥の形状・大きさ・位置がフィルム上に映し出される。
　　②　検出しやすい欠陥は，立体的な欠陥（ブローホール，スラグ巻込み）である。
　　③　フィルムで記録し，保存することできる。

b.　短所

① 平面的な欠陥は，検出し難い（融合不良，割れ）。
② 放射線は人体に有害であり，人体に危害をおよぼすので，資格のある人が操作し，周囲に防護処置等をして作業しなければならない。

5. 超音波探傷試験

超音波探傷試験は，超音波のエコーを利用して探傷する方法である。
(1) 超音波探傷の仕組み
欠陥のあるところを超音波が伝わっていくと，超音波が欠陥や底面から反射して戻ってくる。これをブラウン管上に写しだす仕組みである。
(2) 溶接部の超音波探傷
超音波探傷には，垂直探傷法と斜角探傷法がある。図5-2-5の垂直探傷法は，試験体の表面から垂直に超音波を入れる方法である。

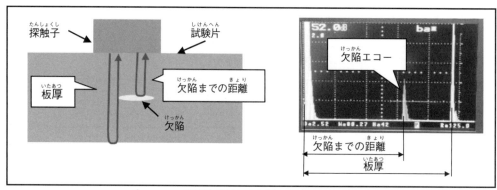

図5-2-5 超音波探傷試験（垂直探傷法）

斜角探傷法は，図5-2-6のように試験体の表面に対して斜めに超音波を入れる方法である。

溶接部は，余盛があるため，超音波を垂直に入れることが難しい。そのため斜角探傷法が使われる。

図5-2-6に斜角探傷法の原理を示す。超音波が内部の欠陥から反射してくると，その反射してきた距離（ビーム路程）と超音波の入る角度から欠陥の位置を計算して求めることができる。

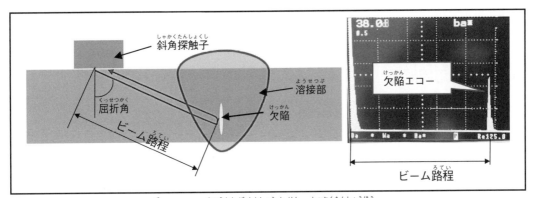

図5-2-6　超音波探傷試験（斜角探傷法）

超音波探傷試験には次のような特徴がある。

a. 長所

① 費用が安く，すぐに結果がわかる。

② 平面的な欠陥（溶込不良，融合不良，割れ）を検出しやすい。

③ 欠陥の位置が分かる。

④ 安全な試験法である。

b. 短所

① 立体的な欠陥（ブローホール，スラグ巻込み）は検出しにくい。

② 試験作業には，経験と知識が必要である。

第5章　確認問題

基礎問題・応用問題

（1）　試験には，破壊試験と非破壊試験がある。

（2）　試験は，いつも溶接した後に行う。

（3）　非破壊試験には，引張試験や曲げ試験がある。

（4）　破壊試験には，X線透過試験（レントゲン）や超音波探傷試験法がある。

（5）　外観試験で，アンダカットやオーバラップを見つける。

（6）　表面および裏面の割れ等は，曲げ試験で調べる。

（7）　溶接金属内部のブローホールやスラグ巻込みは，X線透過試験（レントゲン）で行う。

（8）　融合不良や溶込不良は，超音波探傷試験で行う。

（9）　ビードの形状不良は外観試験では，分からない。

（10）　表面欠陥を探すときは，浸透探傷試験である。

（11）　超音波探傷試験では，欠陥の位置がわかる。

（12）　X線透過試験は（レントゲン），フィルムが置けないところは，試験ができない。

（13）　磁粉探傷試験は，磁石に付く材料はできない。

（14）　浸透探傷試験は，表面の欠陥を探すときに行う。

（15）　曲げ試験には，表曲げ，裏曲げ，側曲げの3種類がある。

（16）　曲げ試験は，試験片を180° U字形に曲げる。

（17）　曲げ試験で，引張強度がわかる。

（18）　曲げ試験は，破壊試験である。

第 5 章　確認問題の解答と解説

基礎問題・応用問題

（1）　○

（2）　×　試験は，溶接前，溶接 中，溶接後に 行 う。

（3）　×　引張試験や曲げ試験は破壊試験である。

（4）　×　X 線透過試験（レントゲン）や 超 音波探 傷 試験法は非破壊試験である。

（5）　○

（6）　×　 表 面及び裏面の割れなどは， 浸透探 傷 試験や磁粉探 傷 試験で調べる。

（7）　○

（8）　○

（9）　×　ビードの形 状 不 良 は外観試験で 行 う

（10）　○

（11）　○

（12）　○

（13）　×　磁粉探 傷 試験は，磁 石 に付く材 料 しかできない。

（14）　○

（15）　○

（16）　○

（17）　×曲げ試験は延性が分かるだけで，引張 強 度は分からない。

（18）　○

第6章　安全衛生と災害防止

第1節　関連法規

　アーク溶接は，大きなエネルギーによって金属を溶かして接合する作業である。その時，図6-1-1のように，まぶしい光（アーク光）や高温の金属の粒（スパッタ）や，ヒューム，有害なガスが発生する。そのため，いろいろな災害が発生する。それを防ぐために安全と衛生の知識が必要になる。

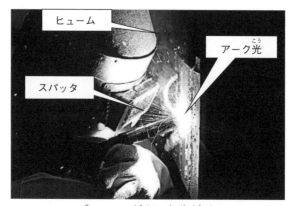

図6-1-1　溶接の災害要因

　また，アーク溶接をするときは，高い電圧を使うので，使い方を誤ると電撃（感電）事故が発生する。その他に高い場所（2ｍ以上）や狭い場所での作業では，より災害が発生しやすくなる。したがって，それぞれの災害を防ぐために「労働安全衛生法」がある。その法律をまとめたものが表6-1-1である。

表 6-1-1　関連法規

労働安全衛生法
労働安全衛生施行令
労働安全衛生規則
有機溶剤 中 毒予防規則
酸素欠乏 症 等防止規則
高気圧作 業 安全衛生規則
鉛 中 毒予防規則
じん肺法
粉じん 障 害防止規則

　安全保護具には図 6-1-2 のようなものがある。アーク溶接作 業 するときには図 6-1-3 のような保護具を付ける。タック溶接（仮付溶接）をするときも，保護具を着ける。

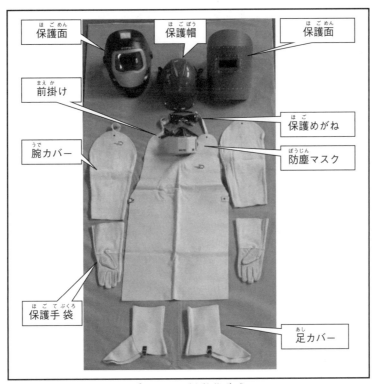

図 6-1-2　安全保護具

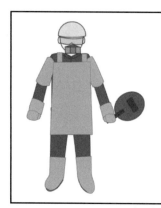

・溶接をするときは必ず保護具を着けること
・タック溶接（仮付溶接）のときも着けること
・夏場の暑いときも保護具は着けること

図6-1-3　安全保護具を着けた状態

1.　労働安全衛生法

　　労働安全衛生法は，災害をなくすために事業者と労働者が協力することによって，作業がしやすく，災害がない環境をつくることを目的にしている。

(1)　事業者は，災害を防止するために，作業しやすい環境をつくることと，労働条件をよくし，労働者の安全と健康を守るようにする。作業場で注意することは次の点である。

　① 機械・器具等の設備からの危険を無くすこと。
　② 爆発・火災等の危険を無くすこと。
　③ 電気・熱等から危険を無くすこと。

(2)　労働者は，災害を防止するために，事業者が決めた事を守る必要があり，特に次の項目を定めている。

　① 安全衛生管理体制
　② 有害物及び機械等に関する規則
　③ 安全衛生教育
　④ 作業制限
　⑤ 健康の保持増進のための措置
　⑥ 免許
　⑦ 安全基準等

2.　アーク溶接作業に関して

　① アーク溶接作業を行なう人は，溶接の安全についての特別教育を受けなければならない。表6-1-2は，アーク溶接等の作業における安全教育の内容と時間である。
　② 溶接作業を行なうときは，保護具を着ける（図6-1-2，6-1-3参照）。

— 150 —

③　アーク溶接作業に使う溶接機は，電撃防止装置付きのものを使用する。

④　ケーブルの接続部分は，テープなどで絶縁する。

⑤　溶接作業を始める前に，電撃防止装置，溶接棒ホルダ，電線の接続部などを点検する（表6-1-3参照）。

表6-1-2　特別教育内容

科目	範囲	時間
アーク溶接などに関する知識	アーク溶接などの基礎理論 電気に関する基礎知識	1時間
アーク溶接装置に関する基礎知識	直流および交流アーク溶接機，交流アーク溶接機用電撃防止装置，溶接棒およびホルダなどの配線	3時間
アーク溶接などの作業方法に関する知識	作業前の点検整備，溶接等の方法，溶接部の点検，作業後の処置，災害防止	6時間
関係法令	安全衛生法，安全衛生規則の中の関係項目	1時間
		計　11時間
実技講習	アーク溶接装置の取扱い及びアーク溶接等の作業の方法	10時間以上

表6-1-3　溶接作業を始める前の点検内容

電気機械器具等	点検事項
溶接棒等のホルダ	ケーブルの接続部の損傷の有無
交流アーク溶接機用電撃防止装置	作動状態
感電防止用漏電遮断装置	

第2節 アーク溶接による災害とその防止

1. 電撃による災害とその防止対策

　アーク溶接作業では，アークを出している時のアーク電圧は30V程度である。ところが，アークを出していないときは，80V程度になっている。この電圧を高くするとアークの発生はしやすくなるが，電撃を受けた時に死亡することがある。そのため，労働安全衛生規則では，図6-2-1のように，2m以上の高いところや狭いところで交流アーク溶接機を使うときは，自動電撃防止装置（図6-2-2(a)図）を使うことになっている。この安全装置は，溶接作業をしていない時の電圧を25V以下にしておき，アークを発生する時に約80Vに高めてアークを発生できるようになっている。これは，作業者の安全を守り，作業が行いやすくするということである。

　したがって，溶接作業を行うときは，1日1回以上，作業前に自動電撃防止装置の点検ボタン（図6-2-2(b)図）を押して，動くことを確認する。

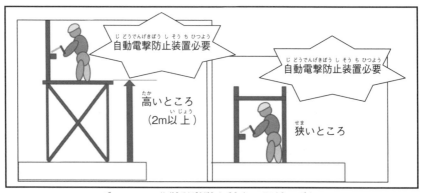

図6-2-1　自動電撃防止装置が必要な場所

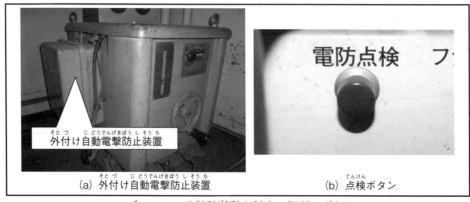

(a) 外付け自動電撃防止装置　　　　　(b) 点検ボタン

図6-2-2　自動電撃防止装置が必要な場所

作業者に小さな電流が身体に流れ、電撃を受ければ、そのショックで転んだり、高い所から落ちたりする。そのため、溶接機を取付けるところに図6-2-3のような安全装置の入ったブレーカを使う。また定期的に点検ボタンを押してブレーカが壊れていないか確認する。

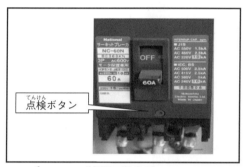

図6-2-3　漏電遮断器付のブレーカ

被覆アーク溶接作業をするときは、溶接棒ホルダを使う。使う前には、図6-2-4のような溶接棒ホルダの絶縁カバーがゆるんだり、壊れていないかを確認する。

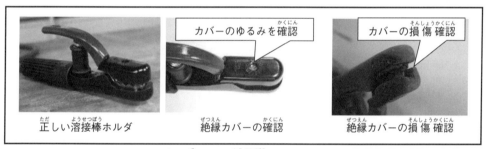

図6-2-4　溶接棒ホルダ

ケーブルについては、被覆が壊れていないケーブルを使う。(図6-2-5は壊れたケーブル)。ケーブルが長くなると電流が流れにくくなる。また長いケーブルを巻いて使うと、電流が流れにくくなりケーブルの被覆が溶けることがある。そのため、ケーブルが長くならないように、図6-2-6のようなケーブルコネクタを使って、必要な長さに調整する。また、図6-2-7のようにアースクランプの取り付けを確認する。さらに溶接機には、図6-2-8のように接地をする。

図 6-2-5　ケーブルの損傷

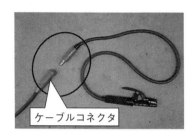

図 6-2-6　ケーブルコネクタ

図 6-2-7　アースクランプの取付け

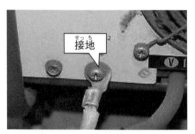

図 6-2-8　溶接機の接地

　溶接作業では，安全靴を履き，革製の保護手袋を着用し，皮膚が露出しないように保護具を着けることも感電を防ぐためには有効である。

　図 6-2-9 のように，その他の電撃に対する災害の防止対策を次に述べる。

① 作業場周辺に水溜りがないようにする。

② 作業服を正しく着る。作業服は木綿（コットン）製の乾いたもので，肌を見せない。

③ 安全保護具を着ける。夏には汗をかきやすいので，常に乾いた皮手袋を着ける。

④ 感電した人を見つけたら，すぐに電源スイッチを切り，近くの人に知らせる。

⑤ 作業場を離れるときは，溶接機の電源を切る。

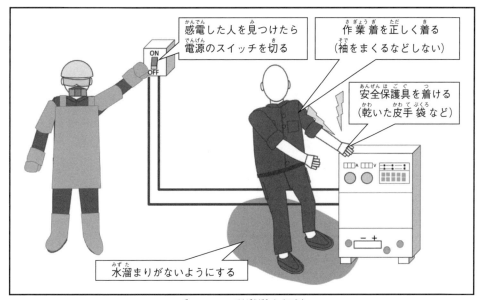

図6-2-9 電撃防止対策

2. アークの光による災害と防護対策

アークの光には，目に見える強い光と紫外線や赤外線が含まれている。アークを直接見ると，紫外線によって電光性眼炎になる。この症状は，目が痛くなり，涙が出てくる。

赤外線は，目の奥を痛める。また，紫外線や赤外線が，肌にあたると，皮膚に火傷を起こす。

アークの光に対する防止対策に，図6-2-10の遮光保護具がある。

① 遮光保護面を使用する。これには，ヘルメット型とハンドシールド型がある。

② 遮光保護具を使用する。保護面に付けるフィルタプレートは，溶接電流によって，正しい遮光度番号のものを用いる。フィルタプレートの使用基準が表6-2-1である。

また，溶接作業場で溶接をしていない時でも，周りの散乱光から目を守るために，保護めがねを着ける。また，図6-2-11のような溶接したばかりの溶接部を見るときは，スラグが飛んで目に入る可能性があるので，保護めがねを着ける。保護めがねは，無色のものより遮光度番号1.4〜1.7番程度のものを使う。

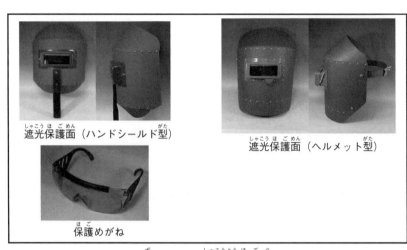

遮光保護面（ハンドシールド型）　遮光保護面（ヘルメット型）

保護めがね

図 6-2-10　遮光用保護具

表 6-2-1　フィルタプレートの使用基準

遮光度番号	アークによる溶接・切断作業			
	被覆アーク溶接	ガスシールドアーク溶接	エアアークガウジング	プラズマジェット切断
1.2	散乱光又は側射光を受ける作業			
1.4				
1.7				
2				
2.5				
3				
4	―	―	―	―
5	30 A 以下			
6				
7	30 A ～ 75 A			
8				
9	75 A ～ 200 A	100 A 以下		
10				
11		100 A ～ 300 A	125 A ～ 225 A	150 A 以下
12	200 A ～ 400 A		225 A ～ 350 A	150 A ～ 250 A
13		300 A ～ 500 A		250 A ～ 400 A
14	400 A 以上		350 A 以上	―
15	―	500 A 以上		
16				

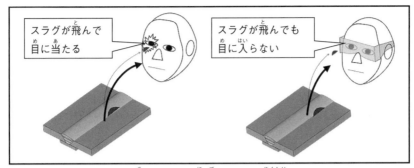

図 6-2-11　保護めがねの役割

③　アークの光は皮膚を火傷させるので，腕まくりをしないこと。

④　周りの溶接作業をしていない人を，アークの光から守るために，図 6-2-12 のように，ついたてを使用する。

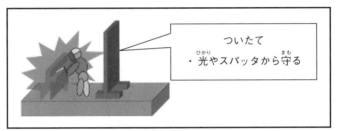

ついたて
・光やスパッタから守る

図 6-2-12　ついたて

3. 火傷，火災および爆発による災害と防止

　　溶接作業中は，溶けた金属がスパッタとなって飛び散り，スパッタが肌にあたると火傷になる。また，高温のスパッタは衣服を燃やすこともあるので，ポケットに燃えやすい紙やマッチ，ライタなどを入れてはいけない。作業するところでは，油などの燃えやすいものを置かないようにする。

　　火傷，火災および爆発による災害の防止対策を次に述べる。

①　作業服は，図 6-2-13 のように，木綿製の長袖を着る。化学繊維のポリエステルやナイロン製のものは，溶けて皮膚に付くと大きな火傷になるため使わない（着用しない）。

②　スパッタやスラグが目に入るのを防ぐために，作業中は必ず保護めがねを着ける。

③　革製の前掛け，腕カバー，足カバー，溶接用皮手袋などの保護具を着ける。

④　燃えやすい物や，爆発の危険がある物は，作業場所から遠ざけておく。

⑤　2 m 以上の高いところでの作業は，落ちた火花が遠くへ飛ぶので，覆いをかぶせ

る。また，作業場は常に整理・整頓する。また，足場から物が落ちやすいので，落とさないようにする。

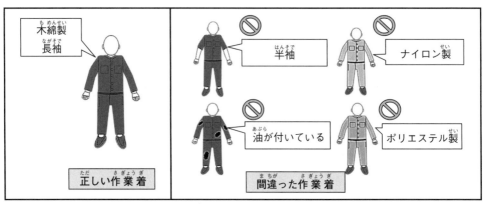

図 6-2-13　作業着

4.　ガスおよびヒュームによる傷害と防止対策

　溶接するとアークによって，金属や溶接棒の被覆剤（鉱石が主成分）を溶かすので，ガスやヒューム（金属や鉱石の細かい粉末）が発生する。亜鉛メッキされた材料から出るガスやヒュームを吸い込むと，図 6-2-14 のように，気分が悪くなり高熱が出て，倒れることがある。また肺に溜ると，じん肺の原因になる。

　そのため，溶接作業をするときは，ガーゼマスクなどは，ヒュームを吸収できる能力がないため，かならず図 6-2-15 のような JIS 規格に基づいた防じんマスク又はエアラインマスクを着ける。溶接作業は，「粉じん障害防止規則」によって，「呼吸用保護具」を着けることになっている。また，狭いところで溶接作業するときは，局部排気装置か全体排気装置を使うことになっている。

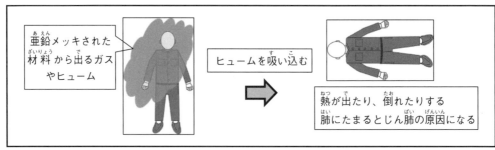

図 6-2-14　ヒュームの影響

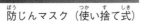

防じんマスク（使い捨て式）　防じんマスク（フィルタ交換式）　エアラインマスク

図 6-2-15　各種マスク

5．高圧ガス容器の取り扱い不良による災害と防止対策

　半自動マグ溶接やティグ溶接では，高圧ガス容器（ボンベ）を使う。この高圧ガス容器の取り扱いを誤ると，容器が壊れて大きな事故になる。そのため次のことに注意して取扱う。

① 容器は，横にして使わない。
② 容器は，固定して倒れないようにする。
③ 使用中容器のバルブには，ハンドルを付けておく。
④ 容器は，40℃以上の温度にならないようにする。

6．酸素欠乏（酸欠）による災害と防止対策

　狭いところで作業するときは，空気中の酸素濃度が下がり，酸素が少なくなると，酸素欠乏症で死亡することがある。また，半自動マグ溶接を行うときは，使用する炭酸ガスが分解して一酸化炭素ガスが発生し，一酸化炭素中毒になることがある。このような災害を防ぐために，狭いところでは，図 6-2-16 のように作業前に酸素濃度を測定してから作業をする。その他，作業するところに新鮮な空気を送り込むか，送気マスクを着ける。このとき，酸素は絶対に送り込んではいけない。

　また，狭いところで作業をするときは，一人で作業しないで，監視人をつける。

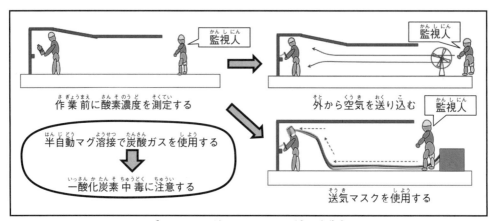

作業前に酸素濃度を測定する

外から空気を送り込む

半自動マグ溶接で炭酸ガスを使用する

一酸化炭素中毒に注意する

監視人

監視人

監視人

送気マスクを使用する

図6-2-16　狭いところでの溶接作業

7. 騒音

溶接作業を行う場所では，音が大きいので，長い間，聞いていると，耳の障害が発生するので，図6-2-17のような耳栓やイヤーマフを使う。この耳栓には，全ての音が聞こえない第1種と，会話が聞こえて，ハンマーなどで発生する有害な高音が聞こえない第2種がある。

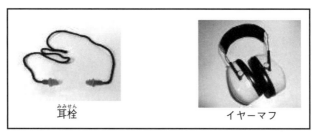

耳栓　　　　　　　　　　　イヤーマフ

図6-2-17　防音器具

8. 熱中症

暑く湿度が高いところでは，身体の水分や塩分のバランスが崩れて，体温の調整ができなくなる症状が熱中症である。熱中症は，体温が上がり，けいれん，頭痛などの症状が出てくる。このような症状が出てきたときは，衣服などを脱がせて，体内の熱を外に逃がす。また，扇風機などあおいだり，首やわきの下，太股の付け根を冷やし，体温を下げる。

熱中症の予防には，こまめな休憩を取り，水分や塩分をとるようにする。

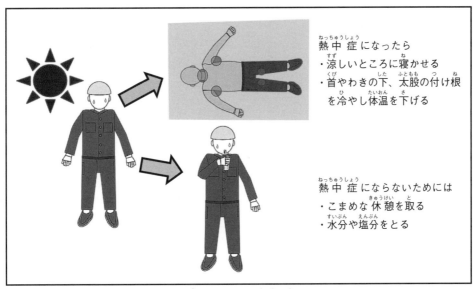

熱中症になったら
・涼しいところに寝かせる
・首やわきの下、太股の付け根
　を冷やし体温を下げる

熱中症にならないためには
・こまめな休憩を取る
・水分や塩分をとる

図 6-2-18　熱中症

第3節　災害事例

＜事例1＞はしごの上でタック溶接中に感電・転落

(1)　発生状況

　　タンク内部の仕切り板をタック溶接（仮付け溶接）するため，アルミ製移動はしごの上で作業していたところ，誤って溶接ホルダにはさんでいた溶接棒が首に接触し感電，はしごの上から転落，後頭部を打ち，死亡した。

(2)　発生原因

①　はしごの踏み台に立って，不安定な姿勢で作業した。

②　電撃防止装置のない溶接機を使用した。

③　タンク内の排気はしていたが，気温・湿度が高く，身が汗ばんで感電しやすい状態だった。（タンク内の温度30℃，湿度75％）

(3)　防止対策

①　はしごの上のように，不安定な場所での溶接作業はしない。

②　狭い場所，高い所での作業では，必ず電撃防止装置を使用する。

③　濡れた衣服のまま溶接作業をしない。

④　作業者に対して，安全教育を徹底し，守らせる。

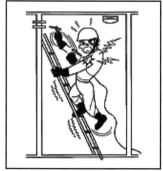

図 6-3-1　高所危険作業

＜事例2＞溶接機を修理中に感電

(1)　発生状況

　　交流アーク溶接機の電流目盛の指示に不具合があったので，調整作業中スライドワイヤ付近の通電部分に触れて感電した。

(2)　発生原因

①　電源スイッチを切っていたが，他の作業者が誤ってスイッチを入れた。

②　本人は，スイッチに『作業中　このスイッチに手を触れるな‼』の表示をするのを怠っていた。

③　本人は，慣れ過ぎて電気の取り扱いを軽視した。

(3)　防止対策

電気機器の修理作業中は，電源を確実に切ると共に，他の者がスイッチに触れないように，注意のため標識を掲示する。

図 6-3-2　感電危険作業

＜事例 3 ＞水で濡れたタンクの内部作業で酸素欠乏症

(1)　発生状況

　　船内のマンホールを開けてタンク内に入った作業員が酸欠で倒れ，これを助けよう
として入った 3 人も次々に倒れた。

(2)　発生原因

　　タンクの鋼材が濡れていて，水と鋼材が反応して錆をつくることで，タンク内部の酸
素を消費して，酸素濃度が少なくなっていた（18％未満）。

(3)　防止対策

　　このような作業環境は，「酸素欠乏危険場所」に指定されており，作業を開始する
前に，次のことを作業員に守らせる。

①　酸素濃度を測定し，18％以上に保つ。
②　換気をする。送気マスクを着用する。
③　「酸素欠乏危険作業」の特別教育を受講する。

図 6-3-3　酸欠危険作業

＜事例4＞可燃性断熱材への引火による災害

(1) 発生状況

建物の断熱材として発泡スチロールが使用されている場所で，溶接中火花が断熱材に着火して，火災発生。発生した有毒ガスを吸引して死亡した。

(2) 発生原因

① 作業員は，断熱材の性質を知らされていなかった。

② 発泡スチロールから有毒ガスが発生することを知らなかった。

③ 火花の飛散防止対策がなされていなかった。

④ 作業場所の近くに消火器が配置してなかった。

(3) 防止対策

① 使用されている断熱材の種類，性質について，作業前に教育しておく。

② 断熱材の近くで溶接作業をするときは，火花飛散防止のため，不燃性のボード，シート等で遮蔽すること。また，火気取扱いについての注意を掲示すること。

③ 発泡スチロールが燃焼するときに，発生するガスについて知識を与えておくこと。

④ 作業場所に消火器を配置しておく。

発泡プラスチック系
材質の壁

図6-3-4 可燃物近くでの溶接作業

第6章　確認問題

基礎問題・応用問題

（1）　狭いところで溶接するときは一人でする。

（2）　高いところの足場から物が落ちやすいので，落とさないようにする。

（3）　作業場を離れるときには，電源を切らない。

（4）　溶接作業を行うときは，木綿（コットン）製の作業服を着る。

（5）　溶接作業を行うときは，油のついた作業服でもよい。

（6）　溶接作業を行うときは，ポリエステル製の作業服を着る。

（7）　溶接作業を行うときは，ナイロン製の作業服を着る。

（8）　自動電撃防止装置は，安全装置である。

（9）　自動電撃防止装置は，2ｍ以上の高いところで溶接するときは使わない。

（10）　自動電撃防止装置は，狭いところで溶接するときは使わない。

（11）　自動電撃防止装置は，作業前に点検しない。

（12）　アーク光は手でさえぎるだけで溶接をしても良い。

（13）　アーク光が肌に当たっても問題ない。

（14）　溶接するときは，適切なフィルタープレートを使う。

（15）　溶接したばかりの溶接部を見るときは，保護めがねはつける。

（16）　タック溶接（仮付溶接）するときは，脚カバーや皮手袋を使う。

（17）　溶接するときは，保護面を使う。

（18）　溶接するときは，軍手（綿の手袋）を使ってする。

（19）　溶接するときは，タオルを顔に巻いてする。

（20）　溶接するときは，防じんマスクを使用する。

（21）　ヒュームを吸い込んでも，体に影響はない。

（22）　ヒュームが舞い上がるので，換気をしない。

（23）　ヒュームを吸っても，熱がでたり，倒れたりしない

（24）　溶接するときは，ガーゼのマスクを使う。

（25）　亜鉛メッキされた材料からでるヒュームを吸うと，熱がでたり，倒れたりすることがある。

（26）　亜鉛メッキされた材料を溶接する時は，ガーゼのマスクを使う。

（27）　亜鉛メッキされた材料を溶接する時は，何も注意する必要はない。

（28）　換気が悪いところで溶接作業するときは，送気マスク（エアラインマスク）を使う。

(29) 炭酸ガスを使う溶接作業は，危険である。

(30) 狭い場所で作業する時は，空気を送りながら作業する。

(31) 狭い場所で作業する時は，酸素濃度を測定する。

(32) 工場の中で，多くの人が溶接作業をする時は，換気をする必要がない。

(33) 狭い場所で作業をする時は，換気をする必要がある。

(34) 暑い時は，熱中症が起きやすいので水分をとる。

(35) 暑い時は，半袖の作業服でする。

(36) 夏場は暑いので，脚カバーや腕カバーなどの保護具は付けない。

(37) 夏場は暑いが，粉じんが舞い上がらないように部屋を閉め切る。

(38) 溶接作業を行うときは，燃えやすいものを作業場に置く

第6章　確認問題の解答と解説

基礎問題・応用問題

(1)　×　狭いところで溶接する時は，監視人をつけて作業する。

(2)　○

(3)　×　作業場を離れる時には，電源を切る。

(4)　○

(5)　×　油のついた作業服は燃えるため危険である。

(6)　×　ポリエステル製の作業服は溶けて皮膚に付き大やけどになる。

(7)　×　ナイロン製の作業服は溶けて皮膚に付き大やけどになる。

(8)　○

(9)　×　2 m以上の場所で溶接する時は，使わなければならない。

(10)　×　狭いところで溶接する時は，使わなければならない。

(11)　×　作業前に点検する。

(12)　×　手でさえぎるだけでは，アーク光は遮ることができない。

(13)　×　紫外線が強いので，皮膚が火傷する。

(14)　○

(15)　○

(16)　○

(17)　○

(18)　×　軍手（綿の手袋）は燃えるので，皮製の手袋を使う。

(19)　×　タオルは燃えるため危険である。また，ヒュームに対する効果もない。

(20)　○

(21)　×　ヒュームが塵肺の原因である。

(22)　×　換気を行って，空気を循環させる。

(23)　×　ヒュームを吸うと，金属熱の症状で熱がでたり，倒れたりする。

(24)　×　ガーゼのマスクでは，ヒュームを遮ることはできない。

(25)　○

(26)　×　ガーゼのマスクでは，ヒュームを遮ることはできない。

(27)　×　有毒ガスが発生するので，防毒マスクなどを使って作業する。

(28)　○

(29)　○

(30)　○

(31)　○

(32)　×　工場の中で，溶接作業をするときは，換気を行って，空気を循環させる。

(33)　○

(34)　○

(35)　×　半袖で溶接すると，紫外線によって，皮膚が火傷になる。

(36)　×　暑くても，溶けた金属の方が熱いので，脚カバーや腕カバーなどの保護具を付ける。

(37)　×　換気を行って，空気を循環させる。

(38)　×　溶接作業をする時は，燃えやすいものを作業場に置かない。

第7章　溶接実技

第1節　被覆アーク溶接作業

1.　交流アーク溶接機の取扱い

(1)　アークの発生

　　溶接をする前に，電流の調整を行う。電流は図7-1-1のように，溶接電流と短絡電流がある。

- ・溶接電流　→　溶接中（アークを発生させている）電流値。電流値はアークの長さで変化する。アーク長が長くなると，溶接電流は低くなる。反対にアーク長が短くなると，溶接電流は高くなる。

- ・短絡電流　→　溶接棒を母材に短絡したときに流れる電流値。電流値は変化しない。

　　短絡電流で測定した場合，実際の溶接電流は，10〜20％低くなる。この差は，溶接機によっても異なるので，溶接電流で測定する方がよい。溶接電流の調整は，電流調整ハンドルを右に回せば電流値は上がる，左に回せば下がる。

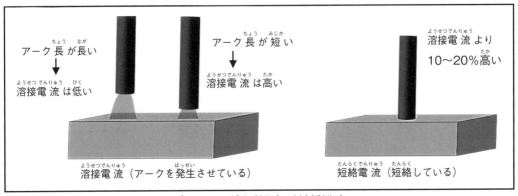

図7-1-1　溶接電流と短絡電流

　　アーク長には，図7-1-2に示すような適正長さがある。適正長さは，溶接棒の棒径がφ4.0以下の場合は，棒径に合わせる。φ4.0以上の場合は4mmといわれている。アークを出している時は，アーク長を長くしたり短くしたりして，その時の音を確認する。長くし過ぎると，周りに大きなスパッタが多く付く。

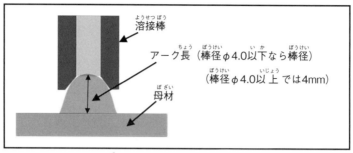

図7-1-2　適正なアーク長

　アークの出し方には，タッピング法とブラッシング法がある。

a．タッピング法

　　溶接棒を軽くたたき付けて，引き上げる。

図7-1-3　タッピング法

b．ブラッシング法

　　マッチをするように母材に溶接棒をすべらす。

図7-1-4　ブラッシング法

　アークの発生練習のための材料を以下に示す。

・母材　　　　　　　　　　SS400　平鋼（FB）　9×150×150　　　1枚
・被覆アーク溶接棒　　　　E4303　ライムチタニア系　φ4.0㎜

・溶接電流　　　　　　　170A

アークスポットを置く位置から約20〜30mm離れたところでアークを発生させる。次に一度アーク長を30mm程度長くする。アークスポットを置く位置を発見した後,溶接棒を下げる。この方法を後戻り法という。その位置で約10秒間,適正アーク長を維持する。その後,手首を返してアークを切る。(図7-1-5参照)

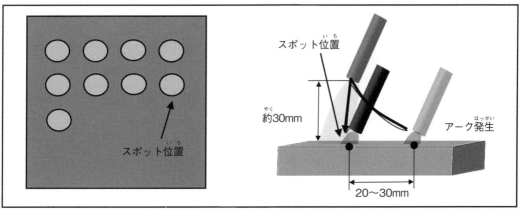

スポット位置

スポット位置

約30mm

アーク発生

20〜30mm

図7-1-5　アーク発生練習

(2) 基本的運棒法

ビード置きのための材料,条件を以下に示す。

・母材　　　　　　　　　SS400　平鋼(FB)　9×150×150　　1枚
・被覆アーク溶接棒　　　E4303　ライムチタニア系　φ4.0mm
・溶接電流　　　　　　　170A

a.　ストリンガビード置き(図7-1-6)

(a) スタート部よりも20〜30mm前方でアークを発生する。後戻り法でスタート部に戻る。

(b) ビード幅を10〜12mmになるように運棒する。

(c) 溶接棒を進行方向に対して少し傾けたときと,倒しすぎたときのビード波形を確認する。

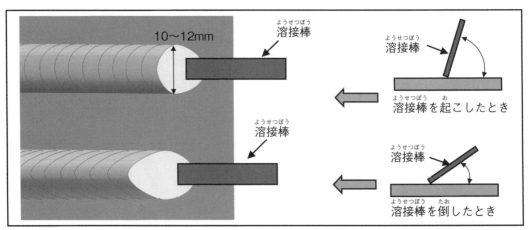

図 7-1-6　ストリンガビード

b．ウィービングビード置き（図 7-1-7）

　　ウィービングは，溶接ビードの幅を広げるために行う操作である。一般的な運棒操作である。ピッチは細かい方が，ビード波形が細かくなる。運棒幅は，棒径の3倍までにする。そのため，棒径が4mmの場合は，最大ビード幅は，16mmになる。
　　練習では，棒径φ4.0mm，溶接電流160～170A，ビード幅を12～16mmになる速度で行う。または，棒径φ3.2mm，溶接電流120～140mmの場合は，ビード幅を10～12mmになるように練習する。

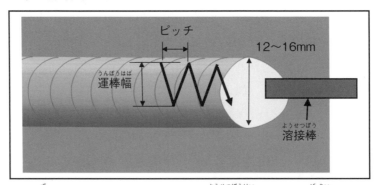

図 7-1-7　ウィービングビード（溶接棒径φ4.0mmの場合）

c．ビード継ぎ（図 7-1-8）

　　溶接では，ビードとビードを継ぐことがある。これをビード継ぎという。

(a)　クレータから20～30mm前方でアークを発生する。

(b)　アーク長を約30mm長くしてクレータを見つける。

(c)　ゆっくりアーク長を短くして新しい溶融池を作る。

(d)　溶融池をクレータに重ねてビードを継ぐ。

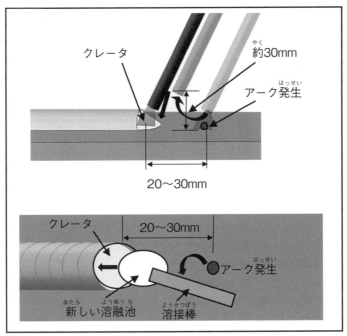

図7-1-8　ビード継ぎ

d.　クレータ処理

溶接ビードの終端部は，表面よりも凹んだクレータとなる。クレータを残したままでは，割れが発生することがある。そのためクレータ処理をする必要がある。図7-1-9のように①，②，③と断続させながら処理をする。

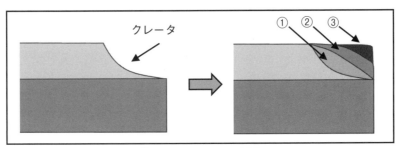

図7-1-9　クレータ処理

2. 中板下向き突合せ溶接（JIS 被覆アーク溶接技術評価試験　A-2F）

(1) 練習課題　十字継手を使った下向きすみ肉溶接

図 7-1-10　十字継手

- ・ 母材　　　　平鋼（FB）　　12×25×200　　2枚
　　　　　　　　平鋼（FB）　　9 ×65×200　　1枚
- ・ 溶接棒　　　E 4319，E 4303，E 4316　　　φ4.0mm
- ・ 溶接電流　　170 A〜190 A
- ・ ストリンガビード

a. 1層目の要領（10mmのビード幅を作る）（図 7-1-11）

(a) 溶接電流　180〜190 A

(b) アークの発生は，開先内でアークを発生させて始端部に入る。

(c) ルートの溶込不良を防止するために溶接棒を開先の底に接触（コンタクト）させる。

(d) 溶接棒よりも溶融金属が先行しないように溶接棒を進行方向に45°〜60°傾ける。

(e) 溶接速度は，約10mmの溶融池の大きさを保つ速度にする。

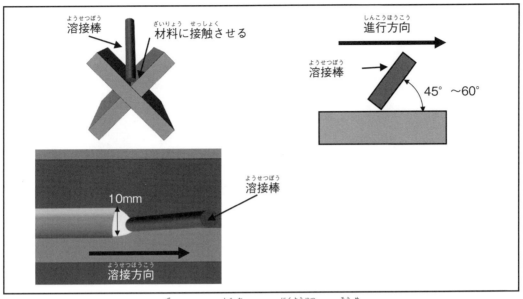

図 7-1-11　下向きすみ肉溶接の1層目

b.　2層目の要領（図7-1-12，図7-1-13）

(a)　溶接電流　160〜170 A

(b)　アーク長は，適正長さにする。

(c)　棒の角度は，進行方向に10〜20°にする。（あまり傾けない）

(d)　1パス目は，前のビード止端部よりも3mm広くなるように溶融池を作る。

(e)　2パス目は，片側を前のビード止端部よりも3mm広く作り，もう一方は，1パス目のビード中央ぐらいに溶融池の端を合わせるようにする。

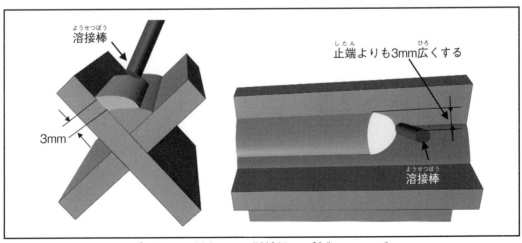

図 7-1-12　下向きすみ肉溶接の2層目　1パス目

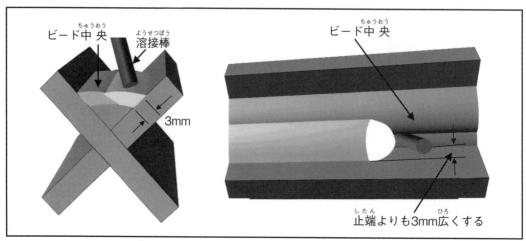

ビード中央　溶接棒　ビード中央

3mm

止端よりも3mm広くする

図 7-1-13　下向きすみ肉溶接の 2 層目　2 パス目

c.　3 層目以降の要領

(a)　溶接電流　160〜170 A
(b)　各パスの狙い位置は図 7-1-14 である。

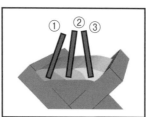

① ② ③

図 7-1-14　下向きすみ肉溶接の 3 層目　狙い位置

(c)　図 7-1-14 ①の要領（図 7-1-15）

　　・アーク長は，適正長さにする。
　　・母材側に溶接棒を傾ける。（進行方向にはあまり傾けない）
　　・ビードの幅を10mm 位の速度で溶接する。
　　・前のビード止端部よりも 3 mm 広くなるように溶融池を作る。

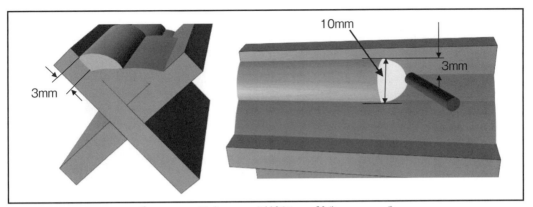

図 7-1-15　下向きすみ肉溶接の 3 層目　1 パス目

(d)　図 7-1-14 ②の要領 （図 7-1-16）

　　・アーク長は，適正長さにする。
　　・ビードの幅を 10mm 位 の速度で溶接する。
　　・前ビードの中央に溶融池の端を合わせるように運棒する。

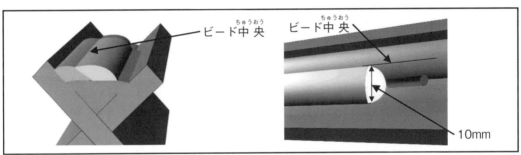

図 7-1-16　下向きすみ肉溶接の 3 層目　2 パス目

(e)　図 7-1-14 ③の要領 （図 7-1-17）

　　・アーク長は，適正長さにする。
　　・ビードの幅を 10mm 位 の速度で溶接する。
　　・溶融池の端を前のビード中央に，もう一方の端を前のビード止端部よりも 3 mm
　　　広く作る。

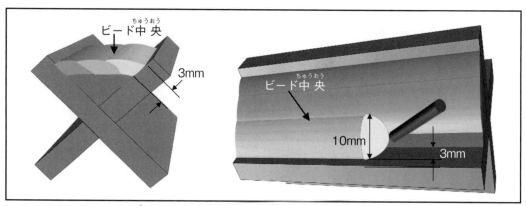

図7-1-17　下向きすみ肉溶接の3層目　3パス目

d.　この課題は，溶融池を見るための訓練である。4面を同じようにビード置きの練習を行う。ウィービングビード置きは，この課題後に行う。

(2)　**本課題　中板下向き突合せ溶接（JIS被覆アーク溶接技術評価試験　A-2F）**
　　・母材　　　SS400 t9.0×125×150　　　両側ベベル角度30°
　　・溶接棒　　E4319，E4303，E4316
　　・前処理（仮付準備）

　　　　①　ヤスリやグラインダでバリ（かえり）を取る。
　　　　②　溶接に悪影響を与える黒皮をグラインダで削る。

a.　**タック溶接（仮付け）の要領（図7-1-18）**
　　(a)　ルート間隔　4〜5mm
　　　　溶接棒のφ4.0，φ5.0，または板厚t4.5mmの板を挿入して測る。（最大5.0mm以内）
　　(b)　狭い場合は，溶込不足になり，広い場合は，最終ビードが広くなる。
　　(c)　タック溶接は，φ3.2溶接棒，溶接電流130A〜150A。
　　(d)　表側4カ所を母材の端から10mm以内，裏側に4カ所に行う。

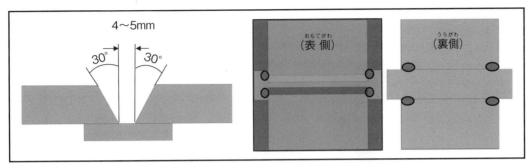

図 7-1-18　中板下向き突合せ溶接のタック溶接（仮付け）

(e) 裏当て金と母材（試験材）は図のように逆ひずみをとる。このとき，目違いが無いようにする。（図 7-1-19）

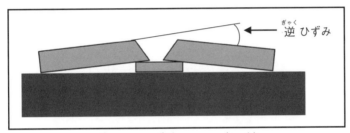

図 7-1-19　逆ひずみの取り方

(f) 逆ひずみを取らない場合は，試験材を拘束治具で固定するかストロングバック（馬・下駄）を使用してもよい。

b.　ひずみ防止について（角変形）

溶接すると溶接後に母材表面側の収縮が大きいので，角変形が起きる。溶接後，この変形が5°を超えると外観不良となる。変形を防止するために拘束ジグ，あるいはストロングバッグを使用する。その他に歪みの割合が分かっている場合は，その割合分を逆にひずませておく逆ひずみ法がある。

c.　本溶接（4層仕上げの場合）

(a) 溶接条件

1）1層目　溶接電流　φ4.0の場合　180A～190A

2）2層目　溶接電流　φ4.0の場合　180A～190A

3）3層目　溶接電流　φ4.0の場合　170A～180A

4）4層目　溶接電流　φ4.0の場合　150A～160A

d.　1層目の要領（図 7-1-20）

・アークの発生は，開先内でアークを発生させて始端部に入る。

・裏当て金の溶込不良を防止するために溶接棒を開先の底に接触（コンタクト）

させる。

・溶接棒よりも溶融金属が先行しないように溶接棒を進行方向に45〜60°傾ける。

・溶接速度は，約10mmの溶融池の大きさを保つ速度にする。

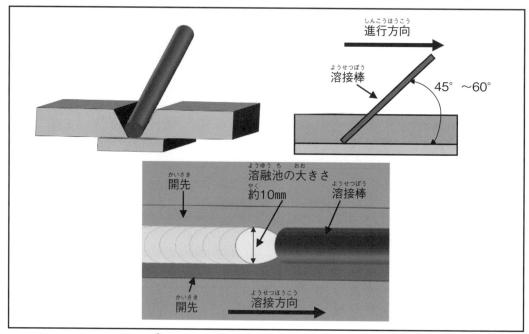

図 7-1-20　中板下向き突合せ溶接　1層目

e.　2層目の要領（図 7-1-21）

・スラグが溶接棒よりも先行させないために溶接棒を開先の底に接触（コンタクト）させる。

・1層目の止端部を溶融するように小さくウィービングする。

・開先表面からの距離を見ながら進行する。

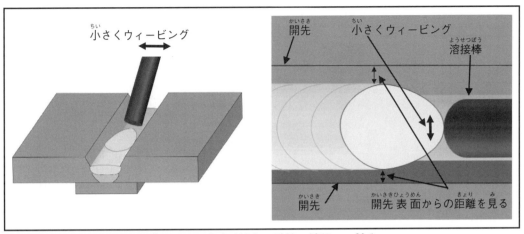

図 7-1-21　中板下向き突合せ溶接　2層目

f.　3層目の要領（図 7-1-22）

・溶接棒は，進行方向に対して，70〜80°に起こす。

・アーク長は，できるだけ短くする。

・開先表面に溶融池の端が来るようにウィービングする。

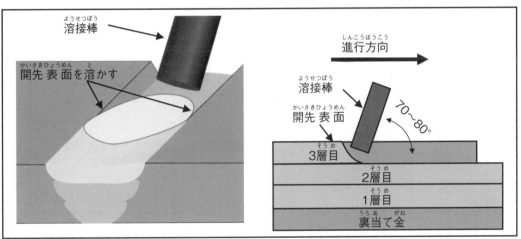

図 7-1-22　中板下向き突合せ溶接　3層目

g.　4層目の要領（2パス仕上げの場合）（図 7-1-23）

・溶接棒は，進行方向に対して，70〜80°に起こす。

・アーク長は，できるだけ短くする。

・1パス目は，片側の開先表面を溶融池の端が1〜2mm広がるようにストリンガ

ビードをおく。

・2パス目は，もう一方の開先表面から1〜2mm広がることを確認しながらストリ

ンガビードをおく。

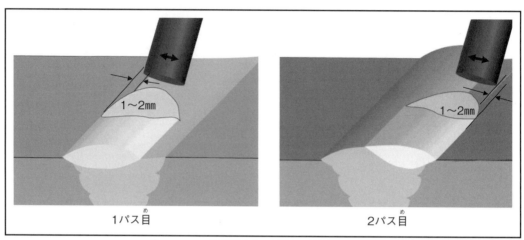

1パス目　　　　　　　　　　2パス目

図 7-1-23　中板下向き突合せ溶接　4層目

3.　中板立向き突合せ溶接（JIS 被覆アーク溶接技術評価試験　A-2 V）
(1)　練習課題　十字継手を使った立向きすみ肉溶接（単層）

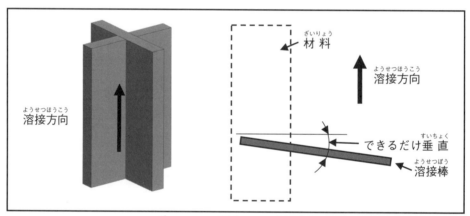

材料

溶接方向

溶接方向

できるだけ垂直

溶接棒

図 7-1-24　立向きすみ肉溶接

・母材　　　　平鋼（FB）　　12×25×200　　2枚
・平鋼（FB）　　9×65×200　　1枚
・溶接棒　　　E 4319, E 4303, E 4316　　φ4.0mm
・溶接電流　　120～130 A
・ストリンガビード（上進溶接）

a.　1層目の要領（10mmのビード幅を作る）（図 7-1-25）
(a)　アークの発生は，開先内でアークを発生させて始端部に入る。

(b) ルートの溶込不良を防止するために，できるだけアーク長を短くする。

(c) 溶接棒は，材料に対してできるだけ垂直にする。

(d) 溶接棒よりも溶融金属が先行しないように，溶融池の先端を狙う。

(e) 小さくウィービングを行って，約10mmの溶融池の大きさを保ちながら進む。

(f) 溶接棒の下にできる溶融池のたまり具合を見て進んでいく。

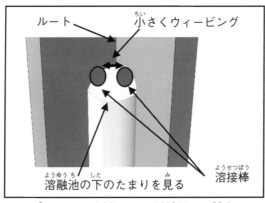

図7-1-25　立向きすみ肉溶接の1層目

b．ビード継ぎ（図7-1-26）

(a) クレータから20〜30mm前方でアークを発生する。

(b) アーク長を約30mm長くしてクレータを見つける。

(c) ゆっくりアーク長を短くして新しい溶融池を作る。

(e) 溶融池をクレータに重ねてビードを継ぐ。

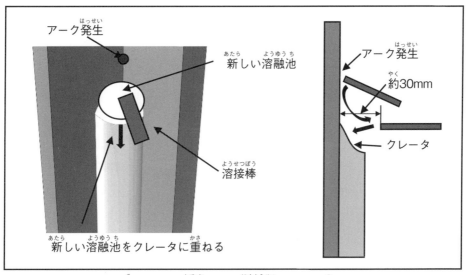

図7-1-26　立向きすみ肉溶接のビード継ぎ

(2) 練習課題　十字継手を使った立向きすみ肉溶接（多層）

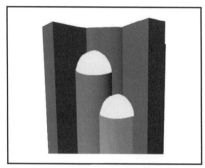

図 7-1-27　立向きすみ肉溶接（多層）

・母材　　　平鋼（FB）　　12×25×200　　2枚
　　　　　　平鋼（FB）　　9 ×65×200　　1枚
・溶接棒　　E 4319，E 4303，E 4316　　φ4.0mm
・溶接電流　120〜130 A
・ストリンガビード（上進溶接）

a.　2層目の要領（10mmのビード幅を作る）（図 7-1-28，図 7-1-29）

(a)　2層目 1パス目

1) アークの発生は，開先内でアークを発生させて始端部に入る。

2) 溶接棒は，材料に対して垂直にする。

3) 前のパスの止端部の融合不良を防止するために，できるだけアーク長を短

　くする。

4) 溶接棒よりも溶融金属が先行しないように，溶融池の先端を狙う。

5) 小さくウィービングを行って，前のビードの止端よりも約 3 mm母材側を溶か

　す。反対側の溶融池は，前ビードの2/3位までのビードの幅を作る。

6) 溶接棒の下にできる溶融池のたまり具合を見て進んでいく。

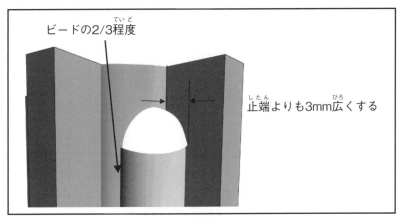

ビードの2/3程度

止端よりも3mm広くする

図7-1-28 立向きすみ肉溶接の2層目　1パス目

(b) 2層目2パス目

1）アークの発生は、開先内でアークを発生させて始端部に入る。

2）溶接棒は、材料に対して水平にする。

3）前のパスの止端部の融合不良を防止するために、できるだけアーク長を短くする。

4）溶接棒よりも溶融金属が先行しないように、溶融池の先端を狙う。

5）小さくウィービングを行って、前のビードの止端よりも約3mm母材側を溶かす。反対側の溶融池は、2層目1パスビードの中央まで、ビードの幅を作る。

6）溶接棒の下にできる溶融池のたまり具合を見て進んでいく。

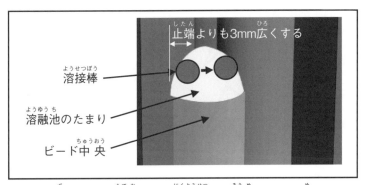

止端よりも3mm広くする

溶接棒

溶融池のたまり

ビード中央

図7-1-29 立向きすみ肉溶接の2層目　2パス目

b. 3層目以降（図7-1-30）

　　3層目は、3パスで溶接する。そのとき、溶接ビードの重ね方は、2層目の要領で行う。

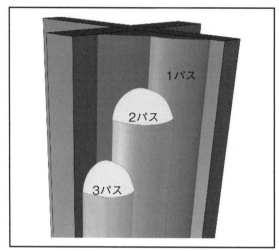

図 7-1-30　立向きすみ肉溶接の2層目　1パス目

(3)　練習課題　十字継手を使った下向きすみ肉溶接（多層）ウイービングビード

- ・母材　　　　平鋼（FB）　　12×25×200　　2枚
　　　　　　　　平鋼（FB）　　9 ×65×200　　1枚
- ・溶接棒　　　E 4319,　E 4303,　E 4316　　φ4.0mm
- ・溶接電流　　120～130 A
- ・ウィービングビード（上進溶接）

a.　ウィービングビードの運棒方法（12～16mmのビード幅を作る）（図 7-2-22)

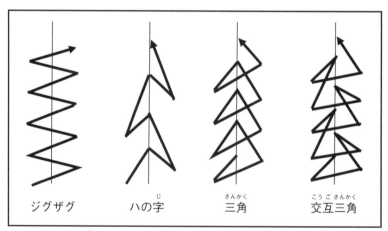

ジグザグ　　　ハの字　　　三角　　　交互三角

図 7-1-31　ウィービングビードの運棒方法

b.　ウィービングビード置き（図 7-1-32)

　(a)　溶接棒は，材料に対してできるだけ垂直にする。

　(b)　アーク長を短くする。

(c) 溶接棒よりも溶融金属が先行しないように，溶融池の先端を狙う。

(d) ウィービングを行って，溶融池の形を楕円形になるように運棒する。

(e) 溶接電流が低い場合や運棒幅が広い場合は，運棒している間に溶融池が冷えて②の「ウロコ」ビードになる。そのため，適正溶接電流と運棒幅に気をつける。

(f) 溶接棒の下にできる溶融池のたまり具合を見て進んでいく。

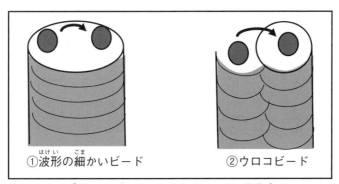

①波形の細かいビード　②ウロコビード

図7-1-32　ウィービングビードの形状

c. 立向きすみ肉溶接（多層）（図7-1-33）

(a) アークの発生は，開先内でアークを発生させて始端部に入る。

(b) 溶接棒は，材料に対してできるだけ垂直にする。

(c) 前のパスの止端部の融合不良を防止するために，できるだけアーク長を短くする。

(e) 溶接棒よりも溶融金属が先行しないように，溶融池の先端を狙う。

(f) ウィービングを行って，前のビードの止端よりも2mm程度広げる。

(g) 溶接棒の下にできる溶融池のたまり具合を見て進んでいく。

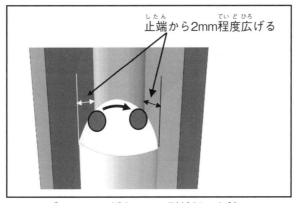

止端から2mm程度広げる

図7-1-33　立向きすみ肉溶接（多層）

d. ウィービングビードで層を重ねる練習を行う。

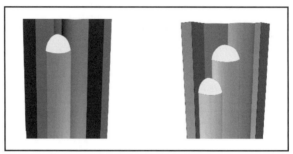

図7-1-34　立向きすみ肉溶接（多層）

(4) **本課題　中板立向き突合せ溶接（JIS 被覆アーク溶接技術 評価試験　A-2V）**

　　・母材　　　　SS400 t9.0×125×150　　　　両側ベベル角度30°
　　・溶接棒　　　E4319，E4303，E4316
　　・前処理（仮付準備）

　　　① ヤスリやグラインダでバリ（かえり）を取る。
　　　② 溶接に悪影響を与える黒皮をグラインダで削る。

a. **タック溶接（仮付け）の要領　（図7-1-35）**

　(a)　ルート間隔　4〜5mm
　　　溶接棒のφ4.0，φ5.0，または板厚 t4.5mmの板を挿入して測る。（最大5.0mm以内）
　(b)　狭い場合は，溶込不足になり，広い場合は，最終ビードが広くなる。
　(c)　タック溶接はφ3.2溶接棒，溶接電流130A〜150A，
　(d)　表側4カ所を母材の端から10mm以内，裏側に4カ所に行う。

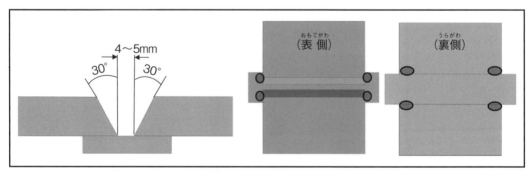

図7-1-35　中板立向き突合せ溶接のタック溶接（仮付け）

　(e)　裏当て金と母材（試験材）は図7-1-36のように逆ひずみをとる。このとき，

目違いが無いようにする。

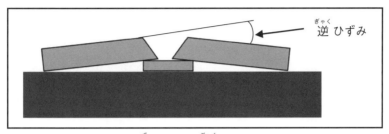

図7-1-36　逆ひずみ

（f）　逆ひずみを取らない場合は，試験材を拘束治具で固定するかストロングバック（馬・下駄）を使用してもよい。

b．ひずみ防止について（角変形）

　溶接すると溶接後に母材表面側の収縮が大きいので，角変形が起きる。この変形が溶接後，5°を超えると外観不良となる。変形を防止するために拘束ジグ，あるいはストロングバッグを使用する。その他に歪みの割合が分かっている場合は，その割合分を逆にひずませておく逆ひずみ法がある。

c．本溶接（3層仕上げの場合）

（1）　1層目
　　・溶接電流　　　φ3.2の場合　110A〜120A
　　　　　　　　　　φ4.0の場合　120A〜125A
（2）　2層目
　　・溶接電流　　　φ3.2の場合　110A〜120A
　　　　　　　　　　φ4.0の場合　120A〜125A
（3）　3層目
　　・溶接電流　　　φ3.2の場合　100A〜110A
　　　　　　　　　　φ4.0の場合　110A〜120A

d．1層目の要領（図7-1-37）

・裏当て金の溶込不良を防止するためにルートの2線を小さくウィービングする。
・溶接棒よりも溶融金属が先行しないように溶接速度に注意する。
・溶接棒の下にある溶融池が固まっていくところを見ながら上進する。
・アークの発生は，開先内でアークを発生させて始端部に入る。
・始端部は溶落ちしやすいので，アークを断続させる。

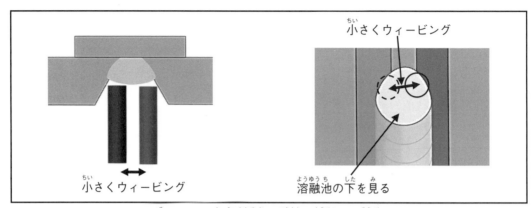

図 7-1-37　中板立向き突合せ溶接　1 層目

e.　2 層目の要領（図 7-1-38）
・1 層目の止端部を溶融するようにゆっくりウィービングする。
・開先表面を溶融池の端で溶かす。
・溶融池が開先の端に上がってくるのを見ながら上進していく
・アーク長は，できるだけ短くする。

図 7-1-38　中板立向き突合せ溶接　2 層目

f.　3 層目の要領（図 7-1-39）
・2 層目の止端部を溶融するように少し速くウィービングする。
・開先表面よりも溶融池の端が広がることを確認しながらウィービングする。
・アーク長は，できるだけ短くする。
・溶融池の両端にアンダカットができていないか確認しながら進む。

図7-1-39　中板立向き突合せ溶接　3層目

4．中板横向き突合せ溶接（JIS 被覆アーク溶接技術 評価試験　A-2H）

(1) 練習課題1　十字継手を使った横向きすみ肉溶接（単層）

a．横向きビード置き

・溶接棒　　　　　　E4319, E4303, E4316　　　φ3.2, φ4.0mm
・溶接電流　　　φ3.2　　　120～140A
　　　　　　　　φ4.0　　　140～160A

(a) E4316（低水素系の場合）（図7-1-40）

　　ビードの幅を8～10mmになるように溶融池をつくる。このとき，溶接棒を進行方向に対して起こして運棒する。倒して運棒するとビード上部にアンダカットができやすくなる。

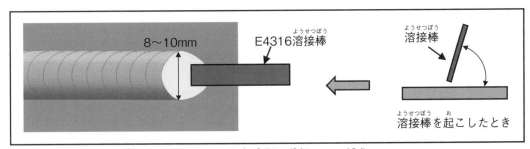

図7-1-40　E4316（低水素系の場合）での横向きビード

(b) E4319, E4303（低水素系以外の場合）（図7-1-41）

　　ビードの幅を8～10mmになるように溶融池をつくる。このとき，溶接棒を進行方向に対して少し倒して運棒する。また，スラグが溶接棒に付きやすいので，前後にスライドさせながら運棒する。

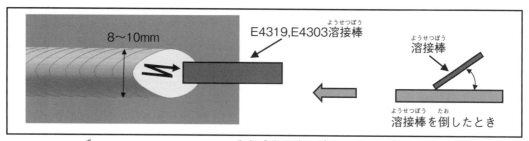

図 7-1-41　E 4319，E 4303（低水素系以外の場合）での横向きビード

b. ビード継ぎ（図 7-1-42）

　　クレータから20〜30mm前方でアークを発生する。次にアーク長を約30mm長くしてクレータを見つける。その後，ゆっくりアーク長を短くして新しい溶融池を作る。その溶融池をクレータに重ねてビードを継ぐ。

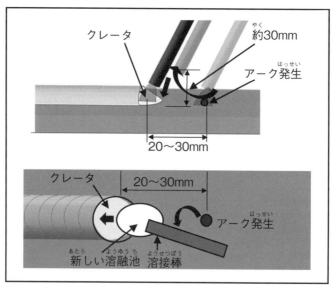

図 7-1-42　横向き溶接のビード継ぎ

c. 横向きすみ肉溶接

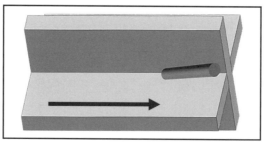

図 7-1-43　横向きすみ肉溶接

- ・母材　　　　平鋼（FB）　　12×25×200　　2枚
　　　　　　　　平鋼（FB）　　9 ×65×200　　1枚
- ・溶接棒　　　E 4319, E 4303, E 4316　　φ4.0mm

- ・ストリンガビード

d.　1層目の要領（図 7-1-44）

- ・溶接電流　　　170A～180A
- ・アークの発生は，開先内でアークを発生させて始端部に入る。
- ・ルートの溶込不良を防止するために溶接棒を開先の底に接触（コンタクト）させる。
- ・溶接棒よりも溶融金属が先行しないように溶接棒を進行方向に45～60° 傾ける。
- ・溶接速度は，8～10mmの溶融池の大きさを保つ速度にする。

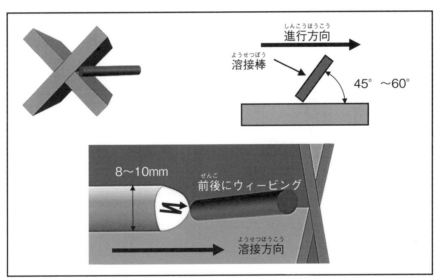

図 7-1-44　横向きすみ肉溶接　1層目

e.　2層目の要領（図 7-1-45, 図 7-1-46）

- ・溶接電流　　　160A～170A
- ・アークの発生は，開先内でアークを発生させて始端部に入る。
- ・ルートの融合不良を防止するために，アーク長は，適正長さにする。
- ・溶接棒よりも溶融金属が先行しないように，溶接棒を進行方向に45° ～60° 傾ける。
- ・1パス目は，前のビード止端部よりも2～3㎜広くなるように溶融池を作る。
- ・溶接速度は，8～10mmの溶融池の大きさを保つ速度にする。

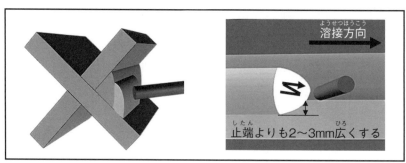

図7-1-45 横向きすみ肉溶接 2層目 1パス目

・2パス目は，片側を前のビード止端部よりも2～3mm広く作り，もう一方は，1パス目のビード中央ぐらいに溶融池の端を合わせるようにする。

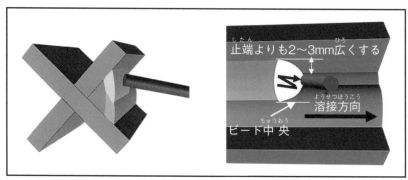

図7-1-46 横向きすみ肉溶接 2層目 2パス目

(5) 本課題 中板横向き突合せ溶接（JIS被覆アーク溶接技術評価試験 A-2H)

・母材 SS400 t9.0×125×150 両側ベベル角度30°
・裏当て金材料 SS400 t6.0×25×170
・溶接棒 E4319，E4303，E4316

a. 前処理（仮付準備）

・ヤスリやグラインダでバリ（かえり）を取る。
・溶接に悪影響を与える黒皮をグラインダで削る。

b. タック溶接（仮付け）の要領 （図7-1-47)

・ルート間隔 4～5mm
溶接棒のφ4.0，φ5.0，または板厚t4.5mmの板を挿入して測る。（最大5.0mm以内）
・狭い場合は，溶込不足になり，広い場合は，最終ビードが広くなる。
・タック溶接はφ3.2溶接棒，溶接電流130A～150A
・表側4カ所を母材の端から10mm以内，裏側に4カ所に行う。

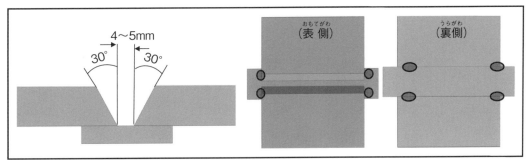

図 7-1-47　中板横向き突合せ溶接のタック溶接（仮付け）

・裏当て金と母材（試験材）は図のように逆ひずみをとる。このとき，目違いが無いようにする。

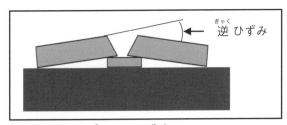

図 7-1-48　逆ひずみ

・逆ひずみを取らない場合は，試験材を拘束治具で固定するかストロングバック（馬・下駄）を使用してもよい。

c. ひずみ防止について（角変形）

　溶接すると溶接後に母材表面側の収縮が大きいので，角変形が起きる。溶接後，この変形が5°を超えると外観不良となる。変形を防止するために拘束ジグ，あるいはストロングバッグを使用する。その他に歪みの割合が分かっている場合は，その割合分を逆にひずませておく逆ひずみ法がある。

d. 本溶接（4層仕上げの場合）

(a) 溶接条件

　1）1層目
　　・溶接電流　　　φ4.0の場合　180A〜190A
　2）2層目
　　・溶接電流　　　φ4.0の場合　180A〜190A
　　・溶接電流　　　φ3.2の場合　130A〜140A
　3）3層目
　　・溶接電流　　　φ4.0の場合　180A〜190A

　　　　・溶接電流　　φ3.2の場合　　130A〜140A
　　4）4層目
　　　　・溶接電流　　φ4.0の場合　　140A〜160A
　　　　・溶接電流　　φ3.2の場合　　120A〜140A
(b)　1層目の要領（図7-4-49）
　　・アークの発生は，開先内でアークを発生させて始端部に入る。
　　・裏当て金の溶込不良を防止するために溶接棒を開先の底に接触（コンタクト）
　　　させる。
　　・溶接棒よりも溶融金属が先行しないように溶接棒を進行方向に45°〜60°傾
　　　ける。
　　・溶接速度は，約10mmの溶融池の大きさを保つ速度にする。

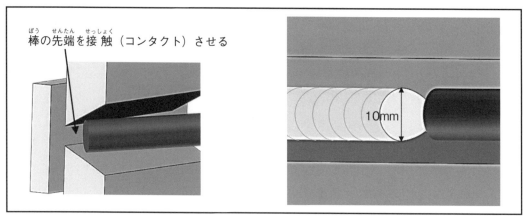

棒の先端を接触（コンタクト）させる

10mm

図7-1-49　中板横向き突合せ溶接　1層目

(c)　2層目の要領（図7-1-50）
　　・スラグが溶接棒よりも先行させないために溶接棒を開先の底に接触（コンタク
　　　ト）させる。
　　・1層目のビード幅よりも広くするように，円弧を描きながらウィービングする。

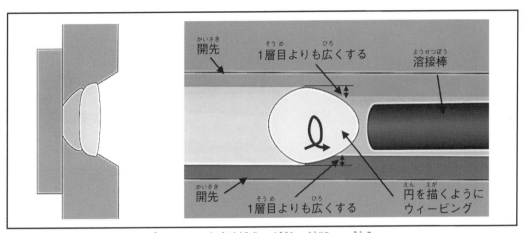

図7-1-50 中板横向き突合せ溶接　2層目

(d)　3層目の要領（図7-1-51，図7-1-52）

　　　ビードの止端に溜まったスラグを除去してから溶接する。2パスで行うために，まず最初のパスは，前層のビードよりも溶融池を止端より広くする。その時，開先の表面よりも1～2mm程度低くなるまで盛り上げる。

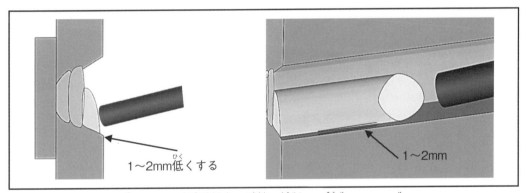

1～2mm低くする

1～2mm

図7-1-51　中板横向き突合せ溶接　3層目　1パス目

　　　2パス目は，溝が深くなっているので，母材に接触させながら開先上部を溶かすように運棒する。

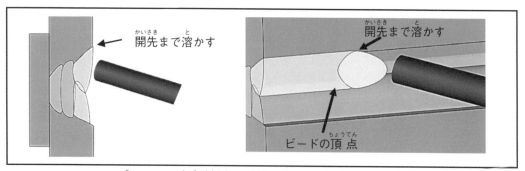

図 7-1-52　中板横向き突合せ溶接　3層目　2パス目

　もし，上部の開先が残っている場合は，同じ電流で開先上部を溶かす。（図 7-1-53）

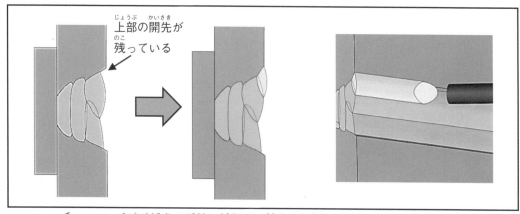

図 7-1-53　中板横向き突合せ溶接　3層目　上部の開先が残った場合の処置

(e)　4層目（最終層）の要領（図 7-1-54）
・溶接部及び母材焼け部分を充分掃除し，溶接線を見えやすくする。
・①の時は，開先部より1〜2 mm程度広くなるように円を描くようにウィービングする。
・②の時は，①のビードの頂点を溶融池の下側が来るように運棒する。
・③の時は，②のビードの頂点を溶融池が来るように，また溶融池の上部で開先を溶かすようにウィービングする。

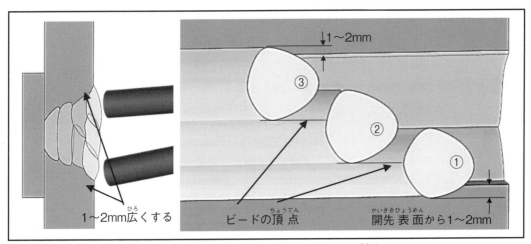

図 7-1-54　中板横向き突合せ溶接　3 層目

　4 層目が終わった後，ビードの止端に不具合（アンダカット，オーバーラップ，開先の残存，前層の溶け残しなど）があった場合，その部分を前パスと同方向に始端部から終端部までもう一度ビードを置く。この場合，溶接棒を進行方向に倒し過ぎると，よりアンダカットができるので，進行方向に対して垂直になるぐらいに立てて運棒する。

　ただし，最終層のビードの幅は，30mm 以下，ビードの高さは 5 mm 以下にしなければならない。（図 7-1-55）

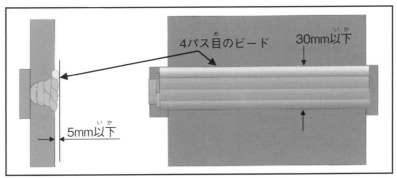

図 7-1-55　中板横向き突合せ溶接　不具合時の処置

(6)　厚板下向き突合せ溶接（JIS 被覆アーク溶接技術評価試験　A-3F）

・母材　　　　　　SS400 t19.0×125×150　　両側ベベル角度30°

・裏当て金材料　　SS400 t6.0×38×170

・溶接棒　　　　　E 4319，E 4303，E 4316

a. 前処理（仮付準備）

- ・ヤスリやグラインダでバリ（かえり）を取る。
- ・溶接に悪影響を与える黒皮をグラインダで削る。

b. タック溶接（仮付け）の要領（図7-1-56）

- ・ルート間隔　5〜6mm

  溶接棒のφ5.0または板厚 t 6.0mmの板を挿入して測る。（最大10.0mm以内）
- ・狭いと溶込不良，広いと最終層が難しくなる。
- ・表側4カ所を母材の端から10mm以内，裏側に4カ所行う。

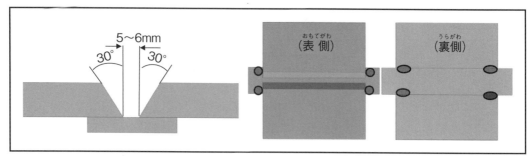

図7-1-56　厚板下向き突合せ溶接のタック溶接（仮付け）

- ・裏当て金と母材（試験材）は図のように逆ひずみをとる。このとき，目違いが無いようにする。

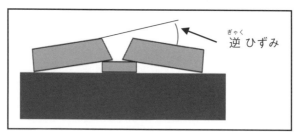

図7-1-57　逆ひずみ

- ・逆ひずみを取らない場合は，試験材を拘束治具で固定するかストロングバック（馬・下駄）を使用してもよい。

c. ひずみ防止について（角変形）

溶接すると溶接後に母材表面側の収縮が大きいので，角変形が起きる。溶接後，この変形が5°を超えると外観不良となる。変形を防止するために拘束ジグ，あるいはストロングバッグを使用する。その他に歪みの割合が分かっている場合は，その割合分を逆にひずませておく逆ひずみ法がある。

d. 本溶接（溶接棒はE4316の方が溶込みが深いので，これを使う）

(a) 溶接条件
　　1）1層目
　　　・溶接電流　　　φ4.0の場合　　180A～190A
　　2）2層目以降
　　　・溶接電流　　　φ4.0の場合　　180A～190A
　　3）最終層
　　　・溶接電流　　　φ4.0の場合　　140A～160A
(b) 1層目の要領（図7-1-58）
　　　・アークの発生は，開先内でアークを発生させて始端部に入る。
　　　・裏当て金の溶込不良を防止するために溶接棒を開先の底に接触（コンタクト）させる。
　　　・溶接棒よりも溶融金属が先行しないように溶接棒を進行方向に45°～60°傾ける
　　　・溶接速度は，約10mmの溶融池の大きさを保つ速度にする。

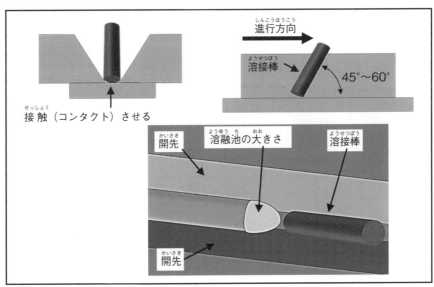

図7-1-58　厚板下向き突合せ溶接　1層目

(c) 2層目の要領（図7-1-59）
　　　・アーク長は短くする。
　　　・1層目の止端部と開先面を溶融するようにウィービングする。
　　　・溶融池の端が前層よりも3mm程度広がるようにウィービングする。

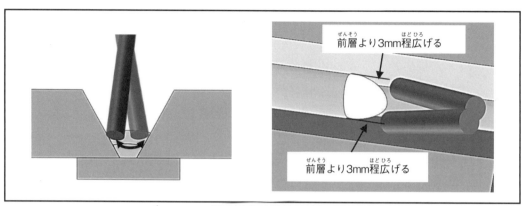

図 7-1-59　厚板下向き突合せ溶接　２層目

(d)　3層目の要領（図 7-1-60，図 7-1-61）

　　3層目の要領は，①の1パスで盛り上げる方法と，②の2パスで盛り上げる方法がある。①は，大きくウィービングを行う。溶接速度が遅くなると，溶融金属がアークよりも先行するため，融合不良になることがある。開先表面からの金属を盛り上げる量を観察しながら溶接する。

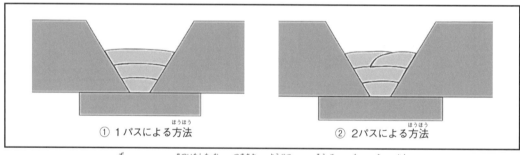

①　1パスによる方法　　　　②　2パスによる方法

図 7-1-60　厚板下向き突合せ溶接　3層目　盛り上げ方

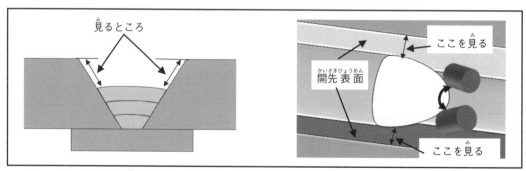

図 7-1-61　厚板下向き突合せ溶接　3層目　見どころ

下図（図7-1-62）の右側の場合は，溶融池の端を片側のビードよりも3mm程度，もう片側は前層の2/3位広がるようにウィービングする。その時，開先表面と溶融金属の量を観察しながら溶接する。溶融池はアークよりも先行させないように気をつける。次にもう一方は，ビード止端よりも3mm広げ，また前パスのビードの頂点に溶融池の端がくるようにウィービングする。この場合も，開先表面と溶融金属の量を観察しながら溶接する。

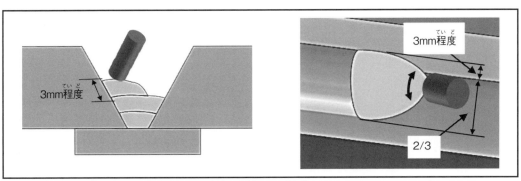

図7-1-62　厚板下向き突合せ溶接　3層目　2パス盛りの1パス目

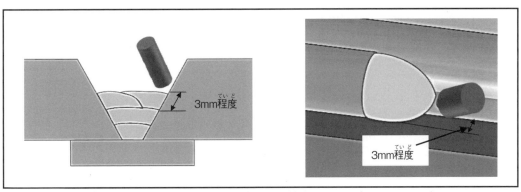

図7-1-63　厚板下向き突合せ溶接　3層目　2パス盛りの2パス目

(e)　仕上げ前の要領（図7-1-64）
　仕上げ前の要領は，①の大きくウィービングを行い，1パスで盛り上げる方法と，②の小さくウィービングを行い，2パスで盛り上げる方法がある。どちらの方法も，開先表面よりも1mm程度溶融金属が低くなるように盛り上げる。

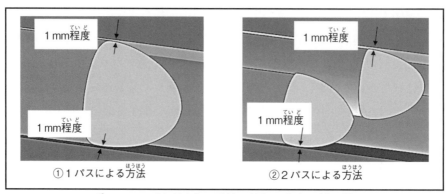

①1パスによる方法　　　　②2パスによる方法

図 7-1-64　厚板下向き突合せ溶接　仕上げ前の層

(f)　仕上げ（図 7-1-65）

　　仕上げの要領は，①の大きくウィービングを行い，1パスで仕上げる方法と，②の小さくウィービングを行い，2パスで仕上げる方法がある。どちらの方法も，開先表面よりも1〜2mm程度，溶融金属を広げるようにウィービングする。

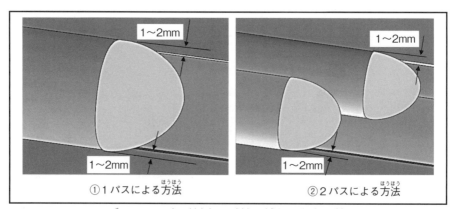

①1パスによる方法　　　　②2パスによる方法

図 7-1-65　厚板下向き突合せ溶接　仕上げ層

第2節　半自動マグ溶接作業

1.　半自動マグ溶接装置の取扱い

(1)　溶接条件の設定

　　半自動マグ溶接を行うとき，溶接電流とアーク電圧の調整が必要である。

a.　溶接電流（図7-2-1）

　　溶接電流はワイヤ溶融速度と比例している。また，リモートコントロールの電流調整ツマミは，ワイヤの送る速度を制御している。

　　溶接電流を高くすると，ワイヤの送る速度が速くなり，ワイヤの溶ける量も増える。

　　そのため，溶着金属量も増える。逆に電流を低くすると，ワイヤの送る速度が遅くなり，ワイヤの溶ける量も減る。そのため，溶着金属量も少なくなる。

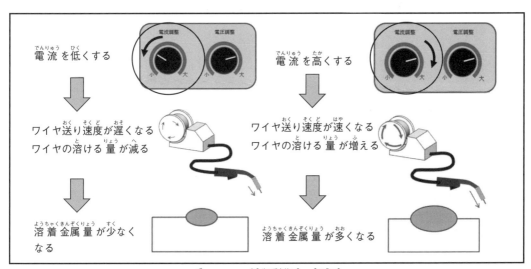

図7-2-1　溶接電流の影響

b.　アーク電圧（図7-2-2）

　　アーク電圧は，アークの安定，ビード形状やスパッタの発生及び溶込み深さなどに関係する。

　　同じ電流で，アーク電圧を下げるとアーク長は短くなり，逆にアーク電圧が高くすると，アーク長は長くなる。そのため，アーク電圧を高くし過ぎると，アーク長が長くなりすぎて，大きなスパッタができる。反対にアーク電圧を低くし過

ぎるとアーク長が短くなりすぎて，ワイヤが母材をつつき，アークが不安定になる。

　図7-2-2は，溶接電流を一定にしたときのアーク電圧によるビード形状と溶込み深さの関係である。

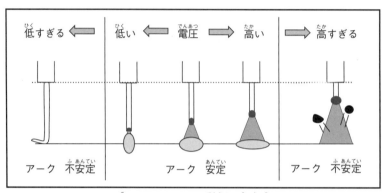

図7-2-2　アーク電圧の影響

c.　溶接電流に適したアーク電圧の設定の仕方（溶接電流のツマミと，アーク電圧のツマミの扱い方）

(a)　溶接機にある「一元」，「個別」機能を「個別」に切り替える。（図7-2-3）

　　　「一元」は，アーク電圧ツマミを中央にすると，溶接電流を変化させても，ほぼアークを安定に保つことができる機能である。

　　　「個別」は，溶接電流を変えるごとに，適正なアーク電圧を設定する機能である。

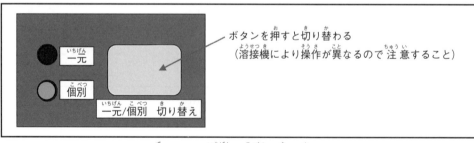

図7-2-3　一元と個別の切り替え

(b)　リモートコントロールの電流調整ツマミを中央に設定する。（図7-2-4）次にアーク電圧のツマミも中央に設定する。この状態で，アークを発生させ，ワイヤ先端のアーク現象を確認する。

図 7-2-4　電流調整ツマミ，電圧調整ツマミ　中央設定

(c)　次にアーク電圧のツマミを下げて，溶接ワイヤ先端のアーク現象とビード形
　　状を確認する。(図 7-2-5)

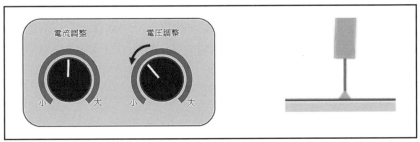

図 7-2-5　電圧調整ツマミ　下げた場合

(d)　更に下げて，溶接ワイヤが母材をつつき，アークが不安定なるところを確認す
　　る。(図 7-2-6)

図 7-2-6　電圧調整ツマミ　下げすぎた場合

(e)　反対にアーク電圧ツマミを中央から高くして，ワイヤ先端に大きな粒が発生
　　することを確認する。(図 7-2-7)

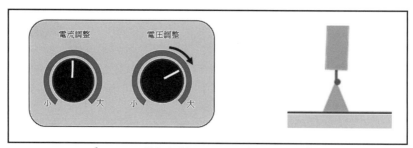

図 7-2-7　電圧調整ツマミ　上げすぎた場合

（f）溶接電流でアークが安定するアーク電圧の範囲を求める。

（g）いろいろな溶接電流で適正なアーク電圧の範囲を求める。

d. ワイヤ突出し長さ（図 7-2-8，図 7-2-9）

　　溶接電流，アーク電圧が設定された条件で，溶接作業中に突出し長さを長くすると，溶接電流が低くなり，反対に突出し長さを短くすると溶接電流が高くなることを確認する。また，突出し長さを長くし過ぎると，スパッタが多くなり，アークが不安定になることを確認する。

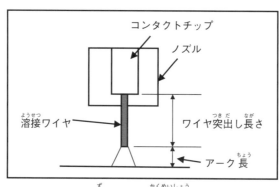

図 7-2-8　各名称

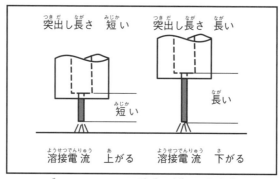

図 7-2-9　ワイヤ突出し長さの影響

(2) **溶接トーチ操作**

a. **ビード置きのための材料，条件を以下に示す。**

　　・母材　　　　　SS400　平鋼（FB）　9×150×200　　　1枚
　　・溶接ワイヤ　　YGW12　　Φ1.2　　　ソリッドワイヤ
　　・溶接電流　　　180A〜200A　　　アーク電圧18V〜24V
　　・トーチ角度　　進行方向へ80°，図のように垂直から10°程度倒す
　　・操作法　　　　前進溶接　及び　後進溶接

b. **トーチ操作**

　　トーチの操作には，前進溶接と後進溶接がある。

　　前進溶接は，溶接ワイヤよりも溶融池が先行するため，溶込みが浅くビード形状が平らになりやすい。

　　逆に後進溶接は，溶融池の先端にアークが当るため，溶込みが深く，ビード形状は凸になりやすい。

　　このビード形状になることを確認する。（図7-2-10）

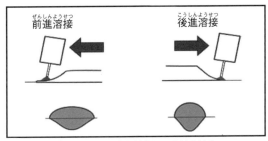

図7-2-10　前進溶接と後進溶接

(a) 後進溶接によるビード置き

　1）溶接速度（ストリンガビード）

　　　ビード幅が10〜15mmの幅を一定に保つ速度

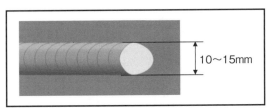

10〜15mm

図7-2-11　ストリンガビード

— 209 —

2）溶接速度（ウィービングビード）
　　ビード幅が15〜20mmの幅を一定に保つ速度

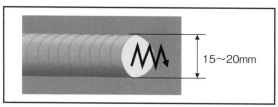

図7-2-12　ウィービングビード

(b)　アークスタート（後戻り法）
　　ビードの始め部より15〜20mm入ったところでアークを発生しビードの始め部に戻る。溶融池をつくり，溶接を進める。

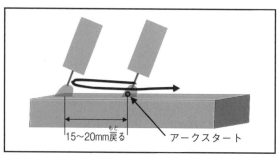

15〜20mm戻る　　　　アークスタート

図7-2-13　後戻りスタート法（バックステップ法）

(c)　ビード継ぎ
　　アークスタートと同じように後戻り法で行う。クレータから15〜20mm前方でアークを発生し，クレータ部に戻った後，溶接を進めて行く。

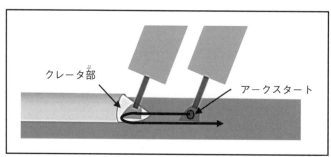

クレータ部　　　　　　　　　　　アークスタート

図7-2-14　ビード継ぎ

(d) クレータ処理

　　終端部は，熱が逃げにくいので，溶落ちが生じやすい。そのため，アークを断続させながら溶融金属を①〜③回と加えながら処理する。

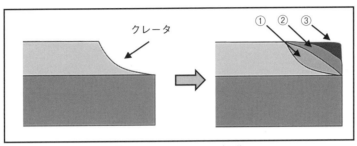

図7-2-15　クレータ処理

2.　中板下向き突合せ溶接（JIS 半自動溶接技術 評価試験　SA-2F）

(1)　練習課題　十字継手を使った下向きすみ肉溶接

図7-2-16　十字継手

・母材　　　　　平鋼（FB）　　12×25×200　　2枚
　　　　　　　　平鋼（FB）　　 9×65×200　　1枚
・溶接ワイヤ　　YGW12　　Φ1.2　　ソリッドワイヤ
・溶接電流　　　180A〜200A　　アーク電圧　18V〜24V
・操作法　　　　前進溶接　及び　後進溶接

a.　1層目の要領（10mmのビード幅を作る）（後進溶接）（図7-2-17）

　　ルートを溶融するため，溶融池先端に小さくウィービングする。この時，ワイヤ先端よりも溶融金属を出さないようにする。

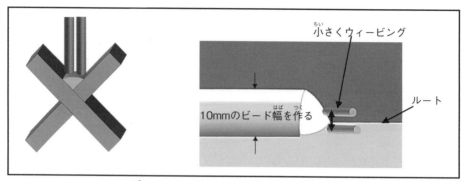

図 7-2-17　下向きすみ肉溶接の 1 層目

b. 2 層目の要領（図 7-2-18）

　　1 層目の止端部をウィービングする。溶融池を止端から 2 mm 程度広くなるように
ウィービングする。

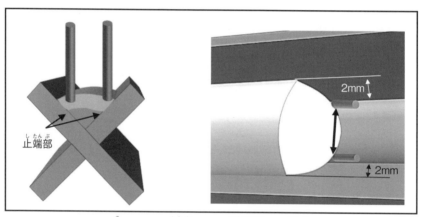

図 7-2-18　下向きすみ肉溶接の 2 層目

c. 3 層目の要領（図 7-2-19）

・1 パス目は，前のビード止端部よりも 2 mm 広くなるように溶融池を作る。
・2 パス目は，片側を前のビード止端部よりも 2 mm 広く作り。
・もう一方は，1 パス目のビード中央ぐらいに溶融池の端を合わせるようにする。
・前進溶接及び後進溶接のどちらも行う。

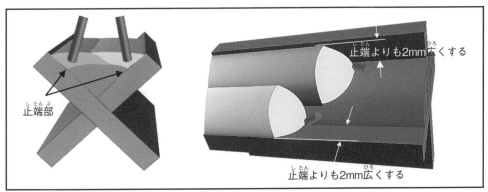

図 7-2-19　下向きすみ肉溶接の 3 層目

(2)　**本課題　中板下向き突合せ溶接**（JIS 半自動溶接技術評価試験　SA-2F）
　　　・母材　　　　　　　SS400　　t9.0×125×200　　両側ベベル角度30°
　　　・裏当て金材料　　　SS400　　t6.0×25×220
　　　・溶接ワイヤ　　　　YGW12　　φ1.2mm　ソリッドワイヤ

a.　**前処理（仮付準備）**
　　　・ヤスリやグラインダでバリ（かえり）を取る。
　　　・溶接に悪影響を与える黒皮をグラインダで削る。

b.　**タック溶接（仮付け）の要領（図 7-2-9）**
　　　・ルート間隔　4～5mm
　　　　溶接棒のφ4.0，φ5.0，または板厚 t 4.5mmの板を挿入して測る。（最大5.0mm
　　　　以内）
　　　・狭いと溶込不良を作りやすくなる。
　　　・溶接電流180A～200A，アーク電圧20V～24V
　　　・表側 4 カ所を母材の端から10mm以内，裏側に 4 カ所に行う。

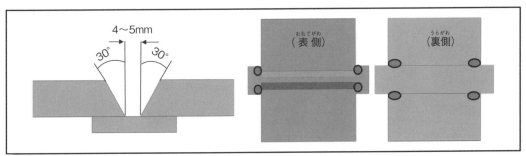

図 7-2-20　中板下向き突合せ溶接のタック溶接（仮付け）

・裏当て金と母材（試験材）は図のように逆ひずみをとる。このとき，目違いが無いようにする。（図7-2-21）

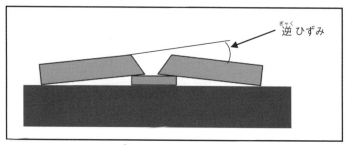

図7-2-21　逆ひずみ

・逆ひずみを取らない場合は，試験材を拘束治具で固定するかストロングバック（馬・下駄）を使用してもよい。

c. ひずみ防止について（角変形）

溶接すると溶接後に母材表面側の収縮が大きいので，角変形が起きる。溶接後，この変形が5°を超えると外観不良となる。変形を防止するために拘束ジグ，あるいはストロングバッグを使用する。その他に歪みの割合が分かっている場合は，その割合分を逆にひずませておく逆ひずみ法がある。

d. 本溶接（3層仕上げの場合）

(a)　溶接条件（1層目・2層目・3層目）

・溶接電流　　　　180A〜240A

・アーク電圧　　　18V〜28V

・溶接ワイヤ　　　YGW12　　φ1.2mm　　ソリッドワイヤ

・操作法　　　　　前進溶接　及び　後進溶接

(b)　1層目の要領（前進溶接の場合）（図7-2-22）

・裏当て金の溶込不良を防止するためにルートの2線を小さくウィービングする。

・またワイヤよりも溶融金属が先行しないように溶接速度に注意する。

・アークの発生は，裏当て金の母材からはみ出た上でアークを発生させて開先内に入る。

・クレータの処理は，終点の裏当て金の母材からはみ出た上で行う。

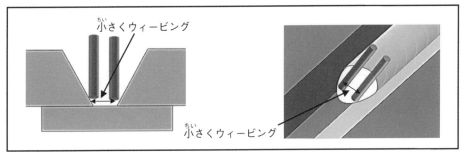

図 7-2-22　中板下向き突合せ溶接　1層目

(c)　2層目の要領（前進溶接の場合）（図 7-2-23）

・ビードの止端に溜まったスラグを除去してから溶接する。

・ビード表面を平らな表面にするために，中央は速く，開先面で少し止まるようにウィービングする。

・この際に開先表面より 1～2mm程度低くなるまで盛り上げる。

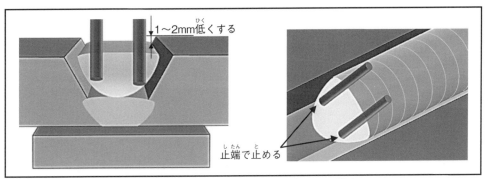

図 7-2-23　中板下向き突合せ溶接　2層目

(d)　3層目の要領（前進溶接の場合）（図 7-2-24）

・溶接部及び母材焼け部分を充分掃除し，溶接線を見やすくする。

・始端・終端部にアークを切りながら土手盛り（ダム）をする。

・開先部よりも 1～2mm程度広くなるようにウィービングする。

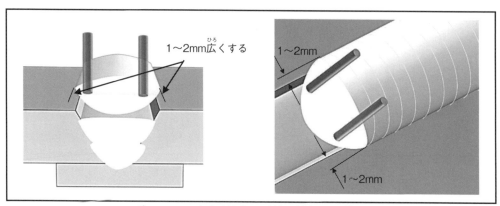

図 7-2-24　中板下向き突合せ溶接　3層目

・3層目が終った後，ビードの止端に不具合（アンダカット，オーバーラップ，開先の残存，前層の溶け残しなど）があった場合，その部分を前パスと同方向に始端部から終端部までもう一度ストリンガビードを置く。（部分的に溶接を行うと修正とみなされて，失格となる）

ただし，最終層のビードの幅は，30mm以下，ビードの高さは5mm以下にしなければならない。（図 7-2-25）

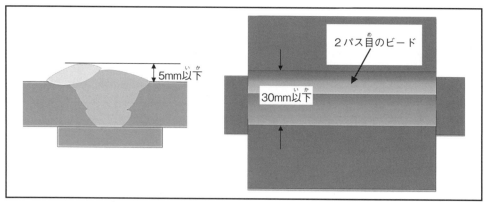

図 7-2-25　中板下向き突合せ溶接　不具合時の対応

3. 中板立向き突合せ溶接（JIS 半自動溶接技術 評価試験　SA-2 V）

(1)　練習課題　十字継手を使った立向きすみ肉溶接（単層）

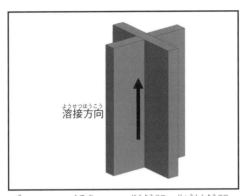

図 7-2-26　立向きすみ肉溶接（上進溶接）

・母材　　　　平鋼（FB）　　12×25×200　　2枚
　　　　　　　平鋼（FB）　　9 ×65×200　　1枚

・溶接ワイヤ　YGW12　　Φ1.2　　ソリッドワイヤ

・溶接電流　　120A〜140A　　アーク電圧　15V〜18V

・操作法　　　　上進溶接

a.　1層目の要領（10mmのビード幅を作る）（図 7-2-27）

　　ルートを溶融するため，溶融池先端を小さくウィービングする。この時，ワイヤ先端よりも溶融金属を出さないようにする。

　　トーチ角度は，母材に対して垂直になるようにする。溶融池の大きさを10mm程度になるようにルートから均等にウィービングする。

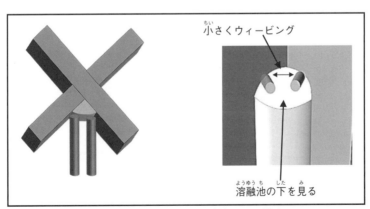

小さくウィービング

溶融池の下を見る

図 7-2-27　立向きすみ肉溶接の1層目

b. 2層目の要領（10mmのビード幅を作る）（図 7-2-28）

　　1層目の止端部をウィービングする。溶融池を止端から2mm程度広くなるように
ジグザグにウィービングする。

　　溶接ビードの表面が凸になるときは，溶接ワイヤを溶融池の先端を山なりに動
かす。

　　また，中央では速く，止端で止めるように動かす。

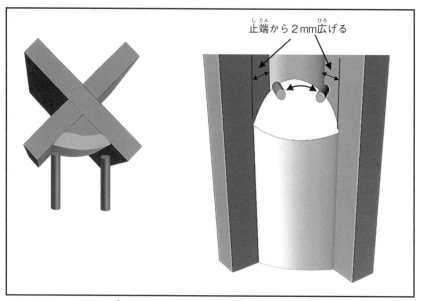

図 7-2-28　立向きすみ肉溶接の2層目

c. 3層目の要領（図 7-2-29）

・1パス目は，前のビード止端部よりも2mm広くなるように溶融池を作る。

・2パス目は，片側を前のビード止端部よりも2mm広く作る。

・もう一方は，1パス目のビード中央ぐらいに溶融池の端を合わせるようにす
　る。

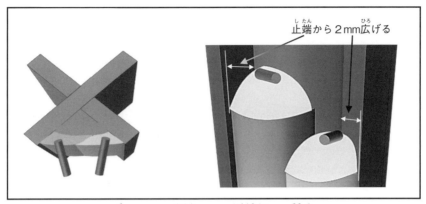

止端から2mm広げる

図7-2-29　立向きすみ肉溶接の3層目

(2)　**本課題　中板立向き突合せ溶接（JIS 半自動溶接技 術 評 価試験　SA-2V）**

・母材　　　　　　　SS400　　t9.0×125×200　　　両側ベベル角度30°
・裏当て金材料　　　SS400　　t6.0×25×220
・溶接ワイヤ　　　　YGW12　　φ1.2mm　ソリッドワイヤ

a.　前処理（仮付準備）

・ヤスリやグラインダでバリ（かえり）を取る。
・溶接に悪影響を与える黒皮をグラインダで削る。

b.　タック溶接（仮付け）の要領

・ルート間隔　4～5mm　　5mmの方が溶接が行いやすい。
　溶接棒のφ4.0，φ5.0，または板厚 t 4.5mmの板を挿入して測る。（最大5.0mm以内）
・狭い場合は，溶込不足になり，広い場合は，最終ビードが広くなる。
・溶接電流　180A～200A，アーク電圧20V～24V
・表側4カ所を母材の端から10mm以内，裏側に4カ所に行う。

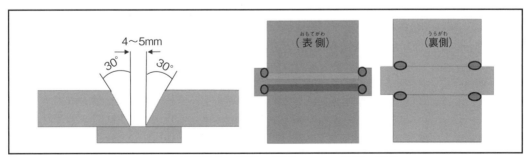

4～5mm

30°　30°

（表側）　　（裏側）

図7-2-30　中板立向き突合せ溶接のタック溶接（仮付け）

・裏当て金と母材（試験材）は図のように逆ひずみをとる。このとき，目違いが無いようにする。

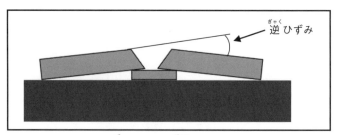

図7-2-31　逆ひずみ

・逆ひずみを取らない場合は，試験材を拘束治具で固定するかストロングバック（馬・下駄）を使用してもよい。

c. ひずみ防止について（角変形）

　　溶接すると溶接後に母材表面側の収縮が大きいので，角変形が起きる。溶接後，この変形が5°を超えると外観不良となる。変形を防止するために拘束ジグ，あるいはストロングバッグを使用する。その他に歪みの割合が分かっている場合は，その割合分を逆にひずませておく逆ひずみ法がある。

d. 本溶接（3層仕上げの場合）

・溶接ワイヤ　　　　YGW12　　φ1.2mm　ソリッドワイヤ
・操作法　　　　　　上進溶接法

(a)　1層目・2層目
・溶接電流　　　　　120A〜140A　　　アーク電圧　　　16V〜18V
(b)　3層目
・溶接電流　　　　　110A〜130A　　　アーク電圧　　　15V〜18V

e. 1層目の要領（図7-2-32）

・アークの発生は，開先内でアークを発生させて始端部に入る。
・始端部は溶落ちしやすいので，アークを断続させる。
・裏当て金の溶込不良を防止するためにルートの2線を小さくウィービングする。
・溶接ワイヤよりも溶融金属が先行しないように溶接速度に注意する。
・溶接棒の下にある溶融池が固まっていくところを見ながら上進する。

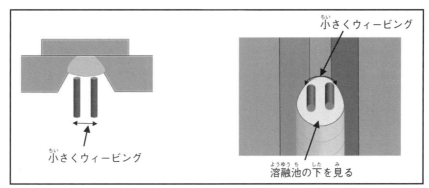

図 7-2-32　中板立向き突合せ溶接　1層目

f.　2層目の要領（図 7-2-33）
・溶接ワイヤの先端は，1層目の止端部を狙ってウィービングする。
・開先面をアークで溶かす。
・溶融池が開先の表面よりも1mm程度残すように上進していく
・ウィービングは，開先を溶かすときに止め，溶接ビードの中央部は素早く動かす。
・突出し長さは，できるだけ短くする。
・出来上がった溶接ビード表面が，平らになるように練習する。

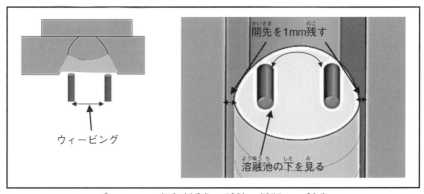

図 7-2-33　中板立向き突合せ溶接　2層目

g.　3層目の要領（図 7-2-34）
・2層目の止端部を溶融するように少し速くウィービングする。
・開先よりも溶融池の端が広がることを確認しながらウィービングする。
・溶融池が開先よりも1mm程度広くなるようにウィービングする。
・溶融池の両端にアンダカットができていないか確認しながら進む。
・突出し長さは，できるだけ短くする。

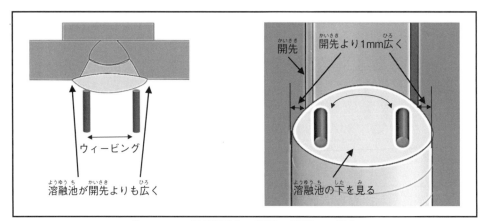

図7-2-34　中板立向き突合せ溶接　3層目

4. 中板横向き突合せ溶接（JIS 被覆アーク溶接技術評価試験　SA-2H)

(1) 練習課題1　十字継手を使った横向きすみ肉溶接

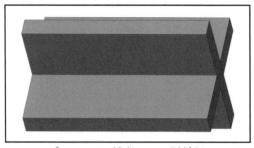

図7-2-35　横向きすみ肉溶接

a. 溶接条件

- 母材　　　平鋼（FB）　　12×25×200　　2枚
　　　　　　平鋼（FB）　　9 ×65×200　　1枚
- 溶接ワイヤ　　YGW12　　Φ1.2　　ソリッドワイヤ
- 溶接電流　　140A～160A　　アーク電圧　16V～20V
- 操作法　　　前進溶接　及び　後進溶接

b. 1層目の要領（10mmのビード幅を作る）（図7-2-36)

　　ルートを溶融するため，溶融池先端を小さくウィービングする。この時，ワイヤ先端よりも溶融金属を出さないようにする。

　　トーチ角度は，母材に対して垂直になるようにする。溶融池の大きさを10mm程度になるようにルートから均等にウィービングする。

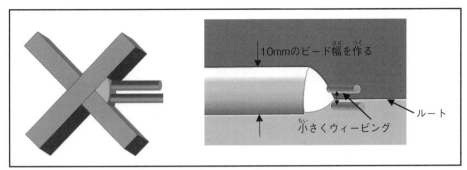

図7-2-36　横向きすみ肉溶接　1層目

c. 2層目の要領（図7-2-37）

　　1層目の止端部をウィービングする。溶融池を止端から2mm程度広くなるようにジグザグにウィービングする。

　　溶接ビードの表面が凸になるときは，溶接ワイヤを溶融池の先端を山なりに動かす。

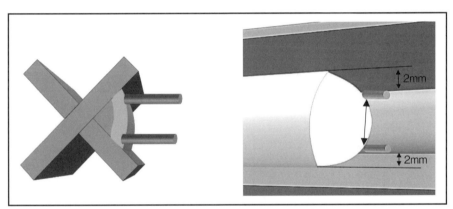

図7-2-37　横向きすみ肉溶接　2層目

d. 3層目の要領（図7-2-38）

・1パス目は，前のビード止端部よりも2mm広くなるように溶融池を作る。
・2パス目は，片側を前のビード止端部よりも2mm広く作る。
・もう一方は，1パス目のビード中央ぐらいに溶融池の端を合わせるようにする。

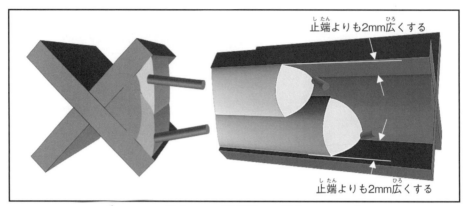

止端よりも2mm広くする

止端よりも2mm広くする

図7-2-38　横向きすみ肉溶接　2層目　2パス目

(2)　**本課題　中板横向き突合せ溶接（JIS 半自動溶接技術 評価試験　SA-2H）**

　　　・母材　　　　　　　　SS400　　t9.0×125×200　　両側ベベル角度30°
　　　・裏当て金材料　　　　SS400　　t6.0×25×220
　　　・溶接ワイヤ　　　　　YGW12　　φ1.2mm　ソリッドワイヤ

a.　**前処理（仮付準備）**

　　　・ヤスリやグラインダでバリ（かえり）を取る。
　　　・溶接に悪影響を与える黒皮をグラインダで削る。

b.　**タック溶接（仮付け）の要領（図7-2-39）**

　　　・ルート間隔　4～5mm
　　　　溶接棒のφ4.0，φ5.0，または板厚t4.5mmの板を挿入して測る。（最大5.0mm
　　　　以内）
　　　・狭い場合は，溶込不足になり，広い場合は，最終ビードが広くなる。
　　　・溶接電流180A～200A，アーク電圧20V～24V
　　　・表側4カ所を母材の端から10mm以内，裏側に4カ所に行う。

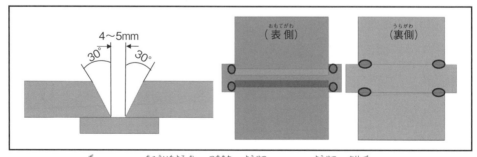

4～5mm

30°　30°

（表側）　　（裏側）

図7-2-39　中板横向き突合せ溶接のタック溶接（仮付け）

・裏当て金と母材（試験材）は図のように逆ひずみをとる。このとき，目違いが無いようにする。

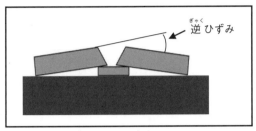

図7-2-40　逆ひずみ

・逆ひずみを取らない場合は，試験材を拘束治具で固定するかストロングバック（馬・下駄）を使用してもよい。

c.　ひずみ防止について（角変形）

溶接すると溶接後に母材表面側の収縮が大きいので，角変形が起きる。溶接後，この変形が5°を超えると外観不良となる。変形を防止するために拘束ジグ，あるいはストロングバッグを使用する。その他に歪みの割合が分かっている場合は，その割合分を逆にひずませておく逆ひずみ法がある。

d.　本溶接（3層仕上げの場合）

(a)　溶接条件

1）1層目・2層目
・溶接電流　　　　180A〜240A　　アーク電圧　　18V〜28V
・溶接ワイヤ　　　YGW12　　φ1.2mm　ソリッドワイヤ
・操作法　　　　　前進溶接　及び　後進溶接

2）3層目
・溶接電流　　　　120A〜140A　　アーク電圧　　16V〜20V
・溶接ワイヤ　　　YGW12　　φ1.2mm　ソリッドワイヤ
・操作法　　　　　前進溶接　及び　後進溶接

(b)　1層目の要領（図7-2-41）
・裏当て金の溶込不良を防止するためにルートの2線を小さくウィービングする。
・また，ワイヤよりも溶融金属が先行しないように溶接速度に注意する。
・アークの発生は，裏当て金からアークを発生させて開先内に入る。
・クレータの処理は，裏当て金の終点で行う。

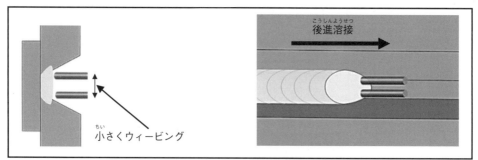

図7-2-41　中板横向き突合せ溶接　1層目

(c)　2層目の要領（図7-2-42，図7-2-43）

　　ビードの止端に溜まったスラグを除去してから溶接する。2パスで行うために，まず最初のパスは，前進溶接で，前層のビードよりも溶融池を止端より広くする。その時，開先の表面よりも1〜2mm程度低くなるまで盛り上げる。

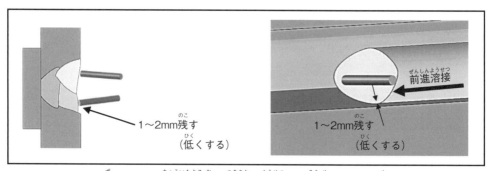

図7-2-42　中板横向き突合せ溶接　2層目　1パス目

・2パス目は，1パス目のビードの頂点に溶融池の端を，もう片側は，開先の上部を溶かすように溶接する。

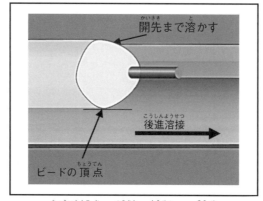

図7-2-43　中板横向き突合せ溶接　2層目　2パス目

・もし，上部の開先が残っている場合は，同じ電流で開先上部を溶かす。

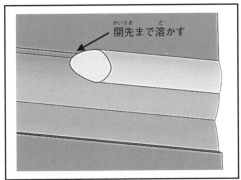

開先まで溶かす

図7-2-44　中板横向き突合せ溶接　2層目　上部の開先が残っている場合

(d)　3層目（最終層）の要領（図7-2-45）
・溶接部及び母材焼け部分を充分掃除し，溶接線を見えやすくする。
・①の時は，開先部より1〜2mm程度広くなるように円を描くようにウィービングする。
・②の時は，①のビードの頂点を溶融池の下側が来るように運棒する。
・③の時は，②のビードの頂点を溶融池が来るように，また溶融池の上部で開先を溶かすようにウィービングする。

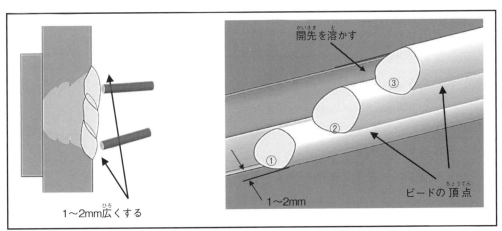

開先を溶かす

1〜2mm広くする

1〜2mm

ビードの頂点

図7-2-45　中板横向き突合せ溶接　3層目　1パス目

(e)　3層目（最終層）が終わった後，ビードの止端に不具合（アンダカット，オーバーラップ，開先の残存，前層の溶け残しなど）があった場合，その部分を前パスと同方向に始端部から終端部までもう一度ビードを置く。
　　ただし，最終層のビードの幅は，30mm以下，ビードの高さは5mm以下にしなければならない。

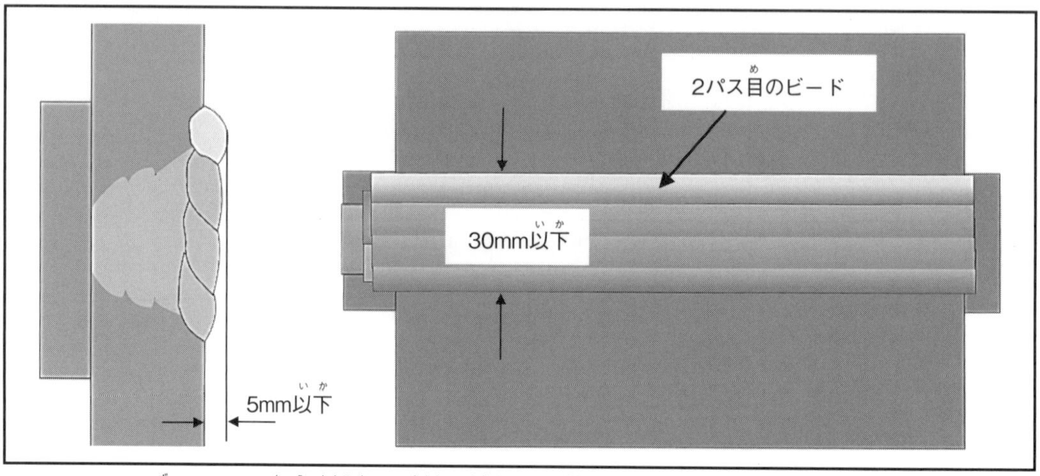

2パス目のビード
30mm以下
5mm以下

図 7-2-46　中板横向き突合せ溶接　3層目　不具合がある場合の処置

5．厚板下向き突合せ溶接（JIS 半自動溶接技術評価試験　SA-3F の課題）

a．溶接材料

・母材　SS400　t19.0×125×200　両側ベベル角度30°

・裏当て金材料　SS400　t6.0×38×220

・溶接ワイヤ　YGW11か YGW12　ϕ1.2mm　ソリッドワイヤ

b．前処理（仮付準備）

・ヤスリやグラインダでバリ（かえり）を取る。

・溶接に悪影響を与える黒皮をグラインダで削る。

c．タック溶接（仮付け）の要領（図 7-2-47）

・ルート間隔　5～6mm

溶接棒のϕ5.0または板厚 t6.0mmの板を挿入して測る。（最大10.0mm以内）

・狭いと溶込不良，広いと最終層が難しくなる。

・表側4カ所を母材の端から10mm以内，裏側に4カ所行う。

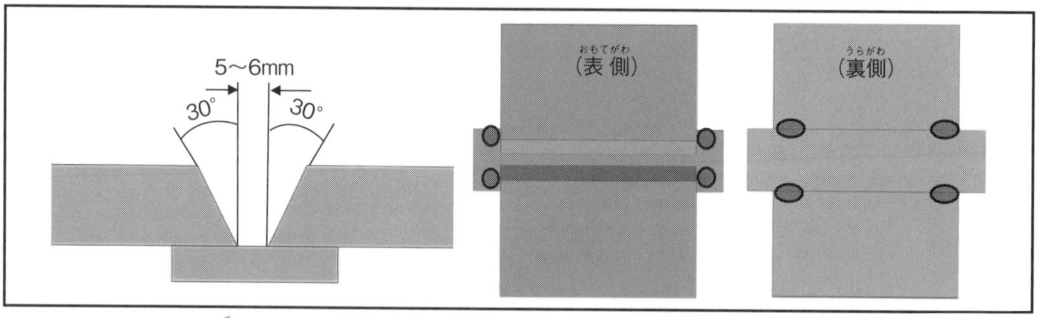

5～6mm
30°
30°
（表側）
（裏側）

図 7-2-47　厚板下向き突合せ溶接のタック溶接（仮付け）

・裏当て金と母材（試験材）は図のように逆ひずみをとる。このとき，目違いが無いようにする。

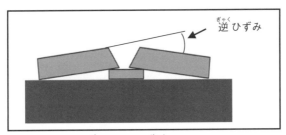

図 7-2-48　逆ひずみ

・逆ひずみを取らない場合は，試験材を拘束治具で固定するかストロングバック（馬・下駄）を使用してもよい。

d. 本溶接

(a) 溶接条件

・溶接電流　　　　　220A～260A　　　アーク電圧　　　20V～34V

・溶接ワイヤ　　　　YGW11かYGW12　　φ1.2mm　ソリッドワイヤ

・操作法　　　　　　前進溶接　及び　後進溶接

(b) 1層目の要領（図7-2-49）

・裏当て金の溶込不良を防止するためにルートの2線を小さくウィービングする。

・またワイヤよりも溶融金属が先行しないように溶接速度に注意する。

・アークの発生は，裏当て金からアークを発生させて開先内に入る。

・クレータの処理は，裏当て金の終点で行う。

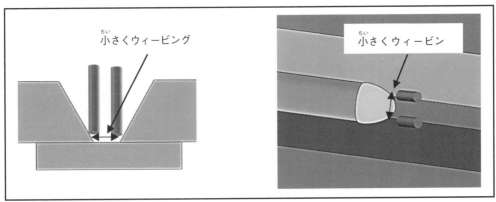

図 7-2-49　厚板下向き突合せ溶接　1層目

・前進溶接で行う場合は，トーチを進行方向に傾けすぎると溶融池がアークよりも先行しやすくなり溶込不良が発生しやすくなる。そのため，できるだけ垂直にする。(図7-2-50)

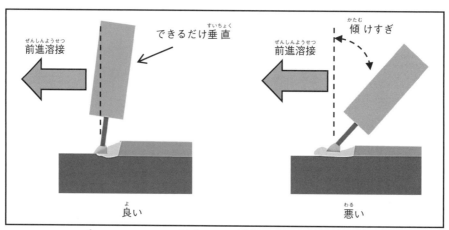

図7-2-50　トーチ角度による溶込み具合（前進溶接）

(c)　2層目の要領（図7-2-51）

　　1層目と開先を溶融するため，1層目の止端部と開先面を溶融するようにウィービングする。ビード表面が平らになるように練習する。

　　溶込みを重視するため，できるだけ後進溶接で，溶融池の先端にアークを向けるようにしながら溶接を進める。

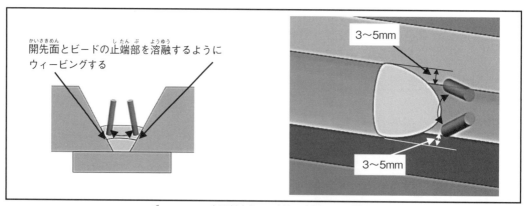

開先面とビードの止端部を溶融するようにウィービングする

3〜5mm

3〜5mm

図7-2-51　厚板下向き突合せ溶接　2層目

(d)　3層目の要領（図7-2-52，図7-2-53）

　　3層目の要領は，①の1パスで盛り上げる方法と，②の2パスで盛り上げる方法がある。①は，大きくウィービングを行う。溶接速度が遅くなると，溶融金属がアークよりも先行するため，融合不良になることがある。ビード止端から3mm

程度広くなることを確認しながら溶接する。

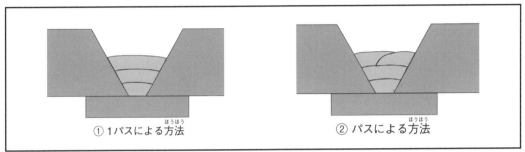

① 1パスによる方法　　　　　　　　② パスによる方法

図 7-2-52　厚板下向き突合せ溶接　3層目　盛り上げ方

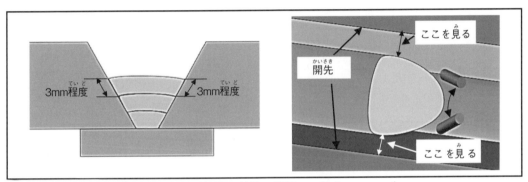

3mm程度　　　　　　3mm程度

ここを見る

開先

ここを見る

図 7-2-53　厚板下向き突合せ溶接　3層目　1パス盛り

　図 7-2-52　②の場合は，1パス目は溶融池の端を片側のビードよりも 3 〜 5 mm 程度，もう片側は前層の2/3位広がるようにウィービングする。その時，開先表面と溶融金属の量を観察しながら溶接する。溶融池はアークよりも先行させないように気をつける。(図 7-2-54)

　次にもう一方の2パス目は，ビード止端よりも 3 〜 5 mm広げ，また前パスのビードの頂点に溶融池の端がくるようにウィービングする。この場合も，開先表面と溶融金属の量を観察しながら溶接する。(図 7-2-55)

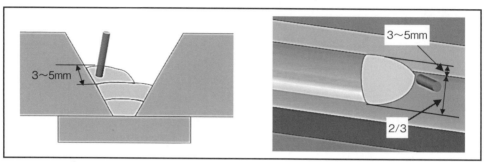

図 7-2-54　厚板下向き突合せ溶接　3層目　2パス盛りの1パス目

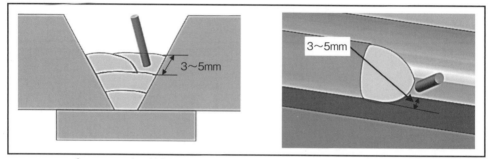

図 7-2-55　厚板下向き突合せ溶接　3層目　2パス盛りの2パス目

(e)　仕上げ前の要領（図 7-2-56）

　　　仕上げ前の要領は，①の大きくウィービングを行い，1パスで盛り上げる方法と，②の小さくウィービングを行い，2パスで盛り上げる方法がある。どちらの方法も，開先表面よりも1mm程度溶融金属が低くなるように盛り上げる。

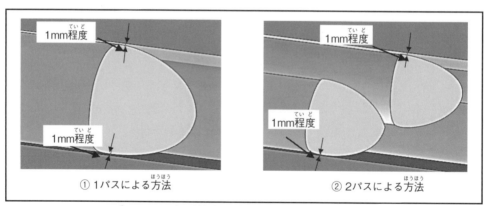

①　1パスによる方法　　　　②　2パスによる方法

図 7-2-56　厚板下向き突合せ溶接　仕上げ前の層

(f)　仕上げ（図 7-2-57）

　　　仕上げの要領は，①の大きくウィービングを行い，1パスで仕上げる方法と，②の小さくウィービングを行い，2パスで仕上げる方法がある。どちらの方法

も，開先表面よりも１～２mm程度，溶融金属を広げるようにウィービングする。

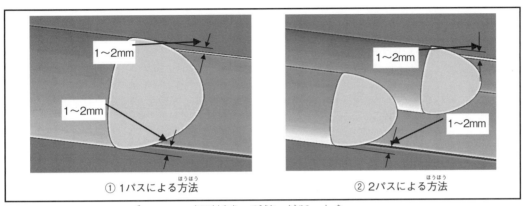

① 1パスによる方法   ② 2パスによる方法

図7-2-57　厚板下向き突合せ溶接　仕上げ

第3節　JIS Z3841による溶接技術評価試験

1. 外観検査の主な不合格の基準

(1) ビードに関しての基準（図7-3-1）

a. ビートの幅・高さの状況

- ①の中板の場合，最終層のビードの幅が30mm，高さが5mm，
- ②の厚板の場合，最終層のビードの幅が38mm（現状50mm），高さが8mm

  を超える場合は，不合格

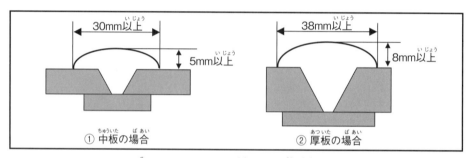

30mm以上　5mm以上　38mm以上　8mm以上
① 中板の場合　② 厚板の場合

図7-3-1　ビードに関する不合格規準

b. 部分的に修正された溶接ビードがある場合は，不合格（図7-3-2）

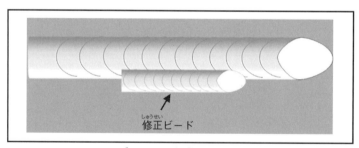

修正ビード

図7-3-2　修正ビード

c. 溶接の始端・終端の状況（図7-3-3）

始端・終端の開先面の残りの合計（①＋②＋③＋④）が10mmを超える場合，またクレータ処理が不完全な場合は，不合格

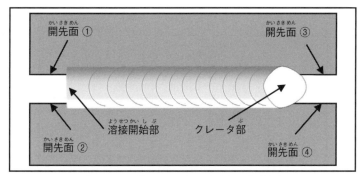

図7-3-3　溶接の始端・終端の状況

d. オーバラップ，アンダカット及びピットがある場合（図7-3-4）

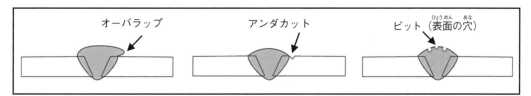

図7-3-4　オーバラップ，アンダカット，ピット

(2) 変形（図7-3-5）

溶接後の変形（角変形）が5°を超える場合は，不合格

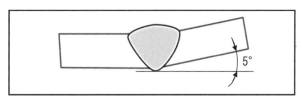

図7-3-5　変形

2. 曲げ検査の基準

(1) 中板・曲げ試験片採取寸法（A-2F・V・H，SA-2F・V・H）

図7-3-6の様に表曲げと裏曲げの曲げ試験片を採る。最終層の始端部側が表曲げ，最終層のクレータ側が裏曲げになる。従って，1層目が良いと思われた方を最終ビードのクレータ側になるようにし，表曲げ部にはアンダカット，オーバラップ等が無いようにする。

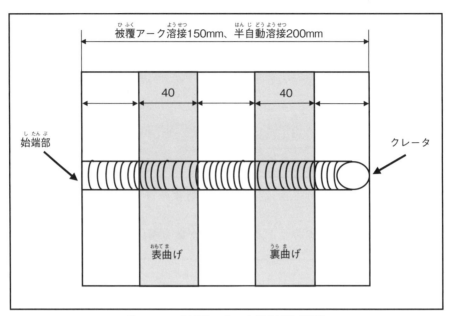

図 7-3-6　中板・曲げ試験片採取寸法

被覆アーク溶接150mm、半自動溶接200mm

40　　40

始端部　　　　　　　　　　クレータ

表曲げ　　　　裏曲げ

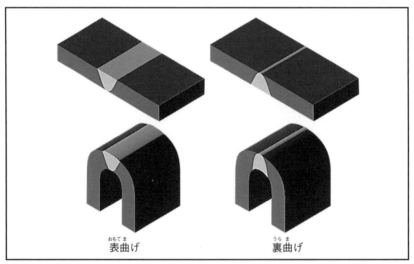

表曲げ　　　　裏曲げ

図 7-3-7　中板・曲げ試験片　表曲げと裏曲げ

(2)　厚板・曲げ試験片採取寸法 (SA-3F)

　　図7-3-8の様に側曲げと裏曲げの曲げ試験片を採る。最終層の始端部側が側曲げ，中間部が裏曲げ，最終層のクレータ側が側曲げになる。

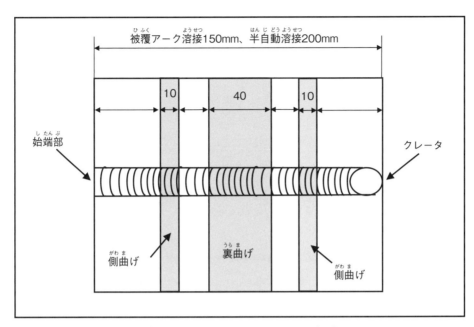

図 7-3-8　厚板・曲げ試験片採取寸法

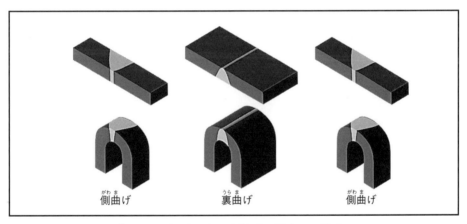

図 7-3-9　厚板・曲げ試験片　裏曲げと側曲げ

(3)　曲げ試験の合否判定基準

　　曲げられた試験片の外面に次の項目に当てはまる場合は不合格になる。

① 3.0mmをこえる割れが有る場合。

② 3.0mm以下の割れが複数ある場合，割れの合計長さが7.0mmを超える場合。

③ ブローホール及び割れの合計個数が10個を超える場合。

④ アンダカット，溶込不良，スラグ巻き込み等が多い場合。

⑤ 破断した場合。

付録 トラブルシューティング

被覆アーク溶接

1. 最初に確認すること

① ブレーカは ON になっているか？

→ OFF の場合は ON にする

② 被覆アーク溶接機の電源は ON になっているか？

→ OFF の場合は ON にする

③ 母材接続用ケーブルは母材（母材の下の台）に接続されているか？

→接続されていないときは，接続する

④ 被覆アーク溶接機とケーブルは接続されているか？

→接続されていないときは，接続する

2. アークが安定しない

① 母材接続用ケーブルがゆるんでいないか？

→ゆるんでいたら固定する

② 被覆アーク溶接棒がグラグラ動く

→溶接棒ホルダに問題があるので修理する

③ 被覆アーク溶接棒が赤くなっている

→電流が高すぎるので下げる

④ 被覆アーク溶接棒のフラックスが欠けている

→新しい棒を使う

半自動マグ溶接

1. 最初に確認すること

① ブレーカは ON になっているか？

→ OFF の場合は ON にする

② 半自動マグ溶接機の電源は ON になっているか？

→ OFF の場合は ON にする

③ 母材接続用ケーブルは母材（母材の下の台）に接続されているか？

→接続されていないときは，接続する

④ 半自動マグ溶接機とケーブルは接続されているか？
　→接続されていないときは，接続する

2. アークが安定しない

(1) コンタクトチップ

① 穴が楕円形に摩耗している。

② 緩んでいる。

③ 径が合っていない。

④ スパッタが焼け付いている。

(2) コンジットケーブル

① ねじれている。

② 半径を小さく使っているのでワイヤの抵抗が大きい。

(3) スプリングチューブ

① 切り粉が溜まっている。

② 落下物によって変形している。

③ 折れ曲がっている。

(4) ワイヤ

① 装着時にからまっている。

② ワイヤを曲がったまま入れる。

③ ワイヤスプリールが壁に当たっている。

④ ワイヤの取り付けが逆。(上からワイヤ受け口に入れている。)

⑤ 錆びている。

(5) 加圧ロール

① 加圧力が強すぎるか弱すぎる。

② 表面が摩耗している。

(6) 送給ロール

① 緩んでいる。

② 溝径が合っていない。

③ 溝が摩耗している。

(7) 溶接機の設定

① 設定を間違えている（ワイヤ径・ガスの種類・ワイヤの種類　など）。

② 電流に対して電圧が低すぎるか高すぎる。

(8) 溶接作業準備

① 作業台の固定が悪いため，通電が悪い。

② アースケーブルが緩んでいるため，通電が悪い。

③ 溶接板と作業台の間にスラグやごみが有って，通電が悪い。

(9) 溶接作業中

① 突き出し長さが長すぎる。25mm以下にする。

② ノズルの清掃不十分でシールドガスの供給が不安定になっている。

3. 欠陥（ブローホール）が出る場合

(1) シールドガス　供給側

① 炭酸ガスの流量が不足している。

② ガスチェックは必ず行う。

③ バルブを充分に開いていない。

④ 加熱器（ガスヒータ）のコンセントが抜けている。

⑤ 各取付け部から漏れている。

(2) トーチの問題

① ノズルがスパッタで詰まっていて，ガスが充分に流れない。

② オリフィス（バッフル）がノズル内に入っていない。

③ ノズルに付いたスパッタ防止剤を乾燥せずに溶接した。

(3) 風（溶接機冷却ファン・扇風機・局所排気口・自然風など）でシールドガスがなくなる。

(4) 溶接中

① ノズルと母材間が長すぎる。

② トーチ角度が悪いと板の端辺りで，シールド効果が低くなる。

(5) 表面が油やさびで汚れている。

(6) ワイヤの表面が錆びている。

4. 最終ビードの蛇行（曲がる）対策

① 特に下向き姿勢や横向き姿勢の溶接では，溶接部が見えにくくなる。

② 仕上げ前の層を板の表面から1〜2mm低く溶接をする。

③ 仕上げ前のビードがきれいにひかるまで，ブラシをかける。

④ 石筆などで開先の肩へ線を引く。

⑤ 外部の光で見えづらい時は，光を遮ること。（頭上の蛍光灯を消す・日光が入るのを防ぐなど）

（参考）用語集

あ 行			
No.	用語	ひらがな	内容，意味
1	アークストライク	あーくすとらいく	溶接線以外にアークを出して，すぐにアークを切った後にできる欠陥
2	アーク長	あーくちょう	溶接棒（ワイヤ）と母材間のアークの長さ
3	アーク電圧	あーくでんあつ	アークの両端間にかかる電圧
4	アーク溶接	あーくようせつ	アークの熱を使って行う融接の総称
5	アース接続	あーすせつぞく	溶接機の外箱と地中を導線で接続すること
6	I型開先	あいがたかいさき	溶接する母材間にI字状の溝を設けた開先
7	アセチレンガス	あせちれんがす	酸素ガスと組合せて，溶接・切断・加熱などを行う。容器の色は，かっ色
8	圧接	あっせつ	圧力を加えて行う溶接方法のこと
9	圧電材料	あつでんざいりょう	電圧をかけると振動し，圧力を加えると電圧が発生する性質をもった材料
10	後戻りスタート運棒法（後戻り法）	あともどりすたーとうんぽうほう（あともどりほう）	溶接開始点の前方でアークを発生した後，溶接開始点に戻って溶接する方法
11	アルゴンガス	あるごんがす	TIG溶接・MIG溶接のシールドガスとして使う。容器の色はねずみ色
12	安全電圧	あんぜんでんあつ	人間が電撃を感じない安全な電圧（25〜30V以下）
13	アンダカット	あんだかっと	ビートの止端にできた溝状の欠陥
14	アンペア	あんぺあ	電流の単位(A)
15	イルミナイト系溶接棒	いるみないとけいようせつぼう	日本独自の溶接棒で深い溶込みが得られ，ブローホールも発生し難く作業性もよい
16	インクライン溶接	いんくらいんようせつ	斜め坂の下りや上りの溶接
17	インバータ	いんばーた	直流を交流に変換する装置の一種
18	ウィービング法	うぃーびんぐほう	溶接線の中心に対し両側に交互に動かす運棒法
19	裏当て金（裏当て）	うらあてがね(うらあて)	開先の底部に裏側から当てる板
20	裏曲げ	うらまげ	溶接した裏側が外側になるように曲げる試験
21	上向姿勢（かち上げ）	うわむきしせい(かちあげ)	下方から上を向いて行う溶接姿勢（かち上げ）は現場言葉
22	運棒法	うんぽうほう	溶接棒又は溶接トーチ（ワイヤ）の動かし方
23	エアラインマスク	えあらいんますく	圧縮空気を適正な圧力に減圧して，丈夫なホースを使って空気を着用者に送る酸欠防止マスク
24	SS（材）	えすえす（ざい）	一般構造用鋼材を表す記号で炭素量の規程なし
25	SN材	えすえぬざい	建築構造物に用いる鋼材
26	SM（材）	えすえむ（ざい）	溶接構造用鋼材を表す記号で溶接性がよい鋼材

27	X型開先	えっくすがたかいさき	溶接線の横断面がX字状になる溝を設けた開先
28	延性	えんせい	伸びて変形する性質
29	エンドタブ	えんどたぶ	溶接線の端部に付けられる補助板
30	オーバーラップ	おーばーらっぷ	ビート止端が母材に融合していない欠陥
31	表曲げ	おもてまげ	溶接した表側が外側になるように曲げる試験

<table>
<tr><th colspan="4" align="center">か 行</th></tr>
<tr><th>No.</th><th>用 語</th><th>ひらがな</th><th>内容, 意味</th></tr>
</table>

No.	用 語	ひらがな	内容, 意味
32	外観試験	がいかんしけん	溶接部の外観の良否を目や測定器具を使って調べる試験
33	開先	かいさき	溶接する母材間に設ける溝でグルーブともいう
34	開先角度	かいさきかくど	母材間に設ける溝の角度
35	開先深さ	さいかきふかさ	開先の表面からルートまでの寸法
36	開先面	かいさきめん	開先部分の表面
37	ガウジング	がうじんぐ	欠陥を除去するため溝状に掘ること
38	角変形	かくへんけい	溶接によって部材に生じる横曲がり変形
39	重ね継手	かさねつぎて	母材の一部を重ね合わせた溶接継手
40	下進溶接（流し）	かしんようせつ（ながし）	立向姿勢のとき，上から下に向かって行う溶接，（流し）は現場言葉
41	ガス溶接	がすようせつ	ガス炎（約3000℃）の熱で行う溶融溶接
42	硬さ試験	かたさしけん	硬さの値を調べるための試験
43	片面溶接	かためんようせつ	突合せ溶接を片側からだけで行う溶接
44	可動鉄心	かどうてっしん	漏洩磁束量を変えて電流を調節するために溶接機のハンドルに連結している動く鉄心
45	角継手	かどつぎて	二つの母材をほぼ直角にした角の溶接継手
46	側曲げ試験	がわまげしけん	溶接した横断面が外側になるように曲げる試験
47	完全溶込み	かんぜんとけこみ	継ぎ手の板厚の全域にわたっている溶込み
48	機械的性質	きかいてきせいしつ	強さ，じん性，延性，硬さ等の特性をいう
49	機械的接合法	きかいてきせつごうほう	ボルト・ナットまたはリベット接合
50	脚長	きゃくちょう	継手ルートからすみ肉溶接の止端までの距離
51	狭隘	きょうあい	厚生労働省令では，作業場所が狭いことによって，安全な作業ができない場所
52	金属蒸気	きんぞくじょうき	金属（母材や溶接ワイヤ）が熱で蒸発して，溶接アーク中に多く含まれる
53	金属熱	きんぞくねつ	ヒュームに含まれる亜鉛，銅などを吸入することによって起こる疾病
54	グラインダ	ぐらいんだ	材料の表面を回転する砥石によって研削する工具

55	クランプメータ（電流計）	くらんぷめーた（でんりゅうけい）	ケーブルを挟んで電流を測定する計測器
56	クリーニング作用	くりーにんぐさよう	棒プラスの極性のときに酸化皮膜が除去されて，溶接部の表面が清浄化される働き
57	クレータ	くれーた	溶接ビートの終端にできるくぼみ
58	クレータ処理	くれーたしょり	溶接の終端部の凹み（クレータ）を肉盛すること
59	クレータ電流	くれーたでんりゅう	クレータの凹みを埋めるための低い電流
60	クレータ割れ	くれーたわれ	クレータ部に発生する割れ
61	グロビュール移行	ぐろびゅーるいこう	ワイヤ径より大粒となって飛んでいく溶滴移行。粒状移行ともいう
62	高所	こうしょ	労働安全衛生法では，地上から2m以上の場所
63	高所作業	こうしょさぎょう	高さが2m以上の所での作業をいう
64	後進溶接	こうしんようせつ	溶接の進行方向にトーチまたは溶接棒を傾けて溶接する方法
65	拘束力	こうそくりょく	溶接部が変形しないように働く力
66	高炭素鋼	こうたんそこう	炭素鋼のうち，炭素含有量が0.6～2.0%の鋼
67	高張力鋼	こうちょうりょくこう	低炭素鋼で引張強さが490N/mm²以上の鋼
68	降伏点	こうふくてん	塑性変形がはじまる点の引張強さ（一般に上降伏点をいう）
69	後熱	ごねつ	溶接部に後から熱を加えること
70	混合ガス（Ar-CO₂）アーク溶接	こんごうがすあーくようせつ	複数のガスを混合したシールドガスを用いて行う溶接法の総称。一般的には，アルゴン80%炭酸ガス20%の混合ガスを用いる溶接法をいう
71	コンジットケーブル	こんじっとけーぶる	ワイヤ送給装置と溶接トーチをつなぐケーブルで，通電用ケーブル，ワイヤを送る管などをまとめた一体形のケーブル
72	コンジットチューブ	こんじっとちゅーぶ	溶接ワイヤを通すチューブ。スプリングチューブまたはワイヤガイドチューブともいう
73	コンタクトチップ	こんたくとちっぷ	溶接電流をワイヤに伝えるための銅合金製の導体で，単にチップともいう
74	コンタクト溶接	こんたくとようせつ	被覆アーク溶接棒の被覆剤の先端を母材に接触させて行う溶接

さ 行			
No.	用語	ひらがな	内容，意味
75	最高硬さ（熱影響部の）	さいこうかたさ（ねつえいきょうぶの）	熱影響部の硬さの最高値のことで，最高硬さが高いほど割れが発生しやすい
76	最高無負荷電圧	さいこうむふかでんあつ	溶接電流が流れていないとき，溶接機の二次側にかかっている最高電圧
77	残留応力	ざいりゅうおうりょく	構造物または部材に残っている溶接によって生じた応力
78	酸素ガス	さんそがす	可燃性ガスを燃やす働きのあるガスで，アセチレンガスやプロパンガスと組み合わせて，溶断を行う。容器の色は黒色
79	シールドガス	しーるどがす	溶接中に空気の侵入を防止するために流すガス
80	磁気吹き	じきぶき	磁気作用によってアークが偏って飛ぶ現象

81	ジグ・治具（jig）	じぐ	構造物を造るときに部材を正確な位置に置くための道具
82	自己制御作用	じこせいぎょさよう	アーク長が変わらないように電流が変わってワイヤ溶融速度が変わることでアーク長が一定になる仕組み
83	止端	したん	母材の面とビートの表面とが交わる点
84	止端割れ	したんわれ	ビート止端から発生する割れ
85	実際のど厚	じっさいのどあつ	実際に溶接された溶接金属部の最小寸法
86	実際のど厚（すみ肉の）	じっさいのどあつ（すみにくの）	溶接されたところの実際ののど厚。すみ肉横断面の溶接のルートからビート表面までの最短距離
87	磁粉探傷試験	じふんたんしょうしけん	強磁性体を磁化し、欠陥による漏洩磁束に磁粉を吸着させて、欠陥を検出する非破壊試験
88	斜角探傷	しゃかくたんしょう	超音波を斜めに進行するように入れる探傷方法
89	遮光度番号	しゃこうどばんごう	フィルタプレートの有害光線の遮光能力番号
90	遮光保護面	しゃこうほごめん	有害光線から目や顔を守るための保護面
91	上進溶接（盛り上げ）	じょうしんようせつ（もりあげ）	立向姿勢のとき、下から上に向かって行う溶接。（盛り上げ）は現場言葉
92	使用率	しようりつ	その溶接機の最大溶接電流を使うときに、全作業時間とアークを出している時間の割合
93	シーム溶接	しーむようせつ	溶接継手部を挟み込み、ローラ電極を回転させながら加圧・通電して連続的に溶接する抵抗溶接
94	じん性	じんせい	粘り強い性質
95	心線	しんせん	被覆アーク溶接棒に使う金属線
96	浸透探傷試験	しんとうたんしょうしけん	染色浸透液や蛍光浸透液を用いて表面に開口している割れ等の欠陥を調べる試験方法
97	塵肺	じんぱい	粉じんや微粒子を長期間吸引していると、肺の細胞に蓄積することによって起きる肺の病気
98	垂下特性	すいかとくせい	アーク長の変化で電流があまり変わらない特性
99	ステンレス鋼	すてんれすこう	クロムまたはクロムとニッケルを混ぜた合金鋼
100	ストリンガ法	すとりんがほう	直線上に運棒すること
101	スパッタ	すぱった	溶接中に飛び散る高温の金属の粒
102	スプレー移行	すぷれーいこう	ワイヤ径より小粒となって飛んでいく溶滴移行
103	スポット溶接	すぽっとようせつ	電気抵抗熱を利用した溶接方法の一つ
104	すみ肉継手	すみにくつぎて	三角形状の溶接断面を持つ継手。点溶接ともいう
105	すみ肉のサイズ	すみにくのさいず	すみ肉溶接金属の大きさを表す寸法
106	スラグ	すらぐ	溶接によって生じる非金属物質
107	スラグ巻込み	すらぐまきこみ	溶接金属中又は母材との境にスラグが残る欠陥
108	ぜい性破壊	ぜいせいはかい	ガラスのように変形なしに一瞬に壊れること

109	絶縁	ぜつえん	電気抵抗が非常に大きく電気が流れないこと。
110	前進溶接	ぜんしんようせつ	進行方向と反対方向にトーチを倒して進む溶接
111	送気マスク	そうきますく	酸素欠乏，粒子状の物質，有毒ガス，蒸気によって人体に有害な環境で作業を行うときに，この給気式のマスクは，ほとんどの環境で使用できる
112	塑性変形	そせいへんけい	荷重を取り除いても永久ひずみが残る変形
113	ソリッドワイヤ	そりっどわいや	中空でない断面同質な溶接ワイヤ

た 行			
No.	用 語	ひらがな	内容，意味
114	対称法	たいしょうほう	溶接の変形対策の一つで，溶接の中央から両端に対称に溶接を行う
115	耐熱鋼	たいねつこう	高温度で耐食性または強度を保つ合金鋼
116	耐力	たいりょく	0.2%の永久ひずみが残るときの引張強さ
117	多層溶接	たそうようせつ	複数の層を重ねて所定の溶接をすること
118	タック溶接	たっくようせつ	本溶接の前に位置決めとして行う組立溶接
119	脱酸剤	だつさんざい	溶融金属中の酸素を取り除くための元素
120	タッピング法	たっぴんぐほう	棒の先端で軽く打つようなアークの発生方法
121	炭酸ガスアーク溶接	たんさんがすあーくようせつ	炭酸ガスをシールドガスとして用い，溶接ワイヤを電極とする自動または半自動アーク溶接
122	弾性変形	だんせいへんけい	荷重を取り除くと元の形状に戻る変形
123	炭酸ガス	たんさんがす	半自動マグ溶接のシールドガスとして使われる。容器の色は緑色
124	炭素当量	たんそとうりょう	炭素以外の元素の硬さに及ぼす影響力を炭素量に換算して炭素量に加えた値
125	短絡移行	たんらくいこう	短絡とアークを交互に繰り返す溶滴移行
126	短絡電流	たんらくでんりゅう	電極と母材が短絡している時に流れる電流
127	中炭素鋼	ちゅうたんそこう	炭素鋼のうち炭素が0.3~0.6%含まれた鋼
128	鋳鉄	ちゅうてつ	炭素が2.0~4.5%入った鉄合金
129	調質鋼	ちょうしつこう	焼入れ・焼戻しを行った鋼
130	突合せ継手	つきあわせつぎて	母材がほぼ同じ面内の溶接継手
131	突出し長さ（溶接ワイヤの）	つきだしながさ（ようせつわいやの）	コンタクトチップの先端からアークが出ているところ（ワイヤ先端）までの溶接ワイヤの長さ
132	T継手	てぃーつぎて	T形にほぼ直角となる溶接継手
133	低温割れ	ていおんわれ	溶接後300℃以下になってから発生する割れ
134	ティグ溶接	てぃぐようせつ	アルゴンガスを流しながら，タングステン電極と母材との間にアークを飛ばして溶接する方法

135	低合金鋼	ていごうきんこう	合金元素の添加量の合計が約10%までの鋼
136	抵抗溶接	ていこうようせつ	電気抵抗熱と圧力を利用して溶接する方法
137	低水素系溶接棒	ていすいそけいようせつぼう	水素の発生源となる被覆剤を含んでいない。溶接割れに強く機械的性質も良好な溶接棒
138	低炭素鋼	ていたんそこう	炭素の含有量が0.3%以下の鋼
139	定電圧特性	ていでんあつとくせい	わずかなアーク電圧（アーク長）の変化に対し，溶接電流が大きく変化する特性
140	手溶接	てようせつ	溶接操作を手で行うアーク溶接の総称。一般的には被覆アーク溶接を指すことが多い
141	電気性眼炎	でんきせいがんえん	アークで発生する紫外線による角膜の炎症をさす。電光性眼炎ともいう
142	電撃	でんげき	人体に電流が流れてショックを受けること
143	電撃防止装置	でんげきぼうしそうち	アークを出していないときの二次側の電圧を25V以下にして，電撃を防止するための装置
144	電流調整板（捨て板・捨て金）	でんりゅうちょうせいばん（すていた・すてがね）	溶接前の電流調整用の小片板。溶接棒先端の調整に使う
145	電力量	でんりょくりょう	電気がする仕事の量で単位はワット(W)
146	溶込み	とけこみ	溶接によって母材が溶けた部分の深さ
147	溶込不良	とけこみふりょう	完全溶込み溶接で溶け込まない部分があること
148	飛石法	とびいしほう	溶接変形対策の一つで，スキップ溶接とも言われ，一定の間を区切って飛び飛びの溶接を行う

な 行			
No.	用語	ひらがな	内容，意味
149	軟鋼	なんこう	低炭素鋼のうち，引張強さがおよそ400N/mm²以下の鋼の呼称
150	熱影響部	ねつえいきょうぶ	溶接等の熱で，組織や機械的性質等が変化した，溶融していない母材の部分
151	熱中症	ねっちゅうしょう	暑い環境や体温が下がりにくい環境のときに，身体の適応ができなくなって起こる障害
152	のど厚不足	のどあつぶそく	溶接部の肉厚が足りない状態の欠陥

は 行			
No.	用語	ひらがな	内容，意味
153	鋼	はがね	鉄と炭素（0.02〜2%）の合金名
154	HAZ（ハズ）	はず（はず）	熱影響部
155	バットシーム溶接	ばっとしーむようせつ	突合せ面の一部を加圧しながら加熱して溶接する抵抗溶接
156	半自動アーク溶接	はんじどうあーくようせつ	溶接ワイヤの送りが自動的にできる装置を用い，溶接トーチの操作は手で行うアーク溶接
157	はんだ	はんだ	融点が450℃未満の溶加材ではんだ付に使う

158	ハンドシールド	はんどしーるど	手で持つタイプの溶接用遮光保護面
159	ビード	びーど	一回のパスによって作られた溶接金属
160	ビード縦割れ	びーどたてわれ	ビートの縦方向に発生する割れ
161	ビード横割れ	びーどよこわれ	ビートを横切る方向に発生する割れ
162	ピット	ぴっと	ビートの表面に開口している空洞欠陥
163	非破壊試験	ひはかいしけん	試験体を壊さないで，欠陥の有無を調べる試験
164	被覆アーク溶接	ひふくあーくようせつ	被覆アーク溶接棒を用いて行う溶接。手溶接ともいう
165	被覆アーク溶接棒	ひふくあーくようせつぼう	心線に被覆材（フラックス）を塗布した溶接棒で，単に溶接棒ともいう。現場では手溶接棒又は単に手棒ともいう
166	被覆剤	ひふくざい	溶接棒の心線に塗布する材料
167	V型開先	ぶいがたかいさき	V字形の溝をもった突合せ溶接継手
168	フィルタプレート	ふぃるたぷれーと	有害光線（紫外線や赤外線）を防ぐための長方形の色ガラスで，遮光保護面に使用するもの
169	部分溶込み	ぶぶんとけこみ	継手の板厚の全域にわたらない溶込み
170	フラックス	ふらっくす	①溶接棒の心線に塗布されている被覆剤 ②ろう接で使用される酸化防止剤
171	フラックス入りワイヤ	ふらっくすいりわいや	内部にアーク安定剤，脱酸剤等フラックスが詰められている溶接用ワイヤ
172	ブラッシング法	ぶらっしんぐほう	棒の先端で軽くこするようなアークの発生方法
173	フレア継手	ふれあつぎて	円弧と円弧又は直線とできた開先形状の継手
174	ブローホール	ぶろーほーる	溶接金属中に生じる球状またはほぼ球状の空洞
175	プロパンガス	ぷろぱんがす	酸素と組合せて，加熱や溶断を行う。容器の色は，ねずみ色
176	ベベル角度	べべるかくど	開先の片側に設けた溝の角度
177	ヘルメット	へるめっと	頭にかぶるタイプの溶接用遮光保護面
178	放射線透過試験	ほうしゃせんとうかしけん	非破壊試験の一つで，放射線を利用して，透過してきた放射線の透過写真によって中の状態を調べる検査
179	防じんマスク	ぼうじんますく	溶接ヒュームの吸入を防止する呼吸保護具
180	棒プラス	ぼうぷらす	溶接棒や電極を溶接機の＋側に接続すること
181	棒マイナス	ぼうまいなす	溶接棒や電極を溶接機の－側に接続すること
182	保護具	ほごぐ	溶接の際に災害防止に使う着衣類や器具類
183	保護筒	ほごとう	溶接棒の心線の外側に形成される筒状の被覆剤
184	母材	ぼざい	溶接または切断される金属（材料）
185	母材側配線の接地	ぼざいがわはいせんのせっち	母材や定盤に接地を取ること
186	母材接続	ぼざいせつぞく	溶接機端子と母材を溶接用導線で接続すること
187	ボルト	ぼると	電圧の単位(V)

| 188 | ボンド部 | ぼんどぶ | 溶接部（溶接金属）と母材との境界の部分 |

ま行

No.	用語	ひらがな	内容，意味
189	マグ溶接	まぐようせつ	CO_2，$Ar + CO_2$等酸化性のシールドガスを用い，ワイヤを電極とするアーク溶接の総称
190	マクロ組織	まくろそしき	研磨した面を腐食して肉眼で見る金属組織
191	マクロ組織試験	まくろそしきしけん	マクロ組織を調べる試験
192	回し溶接	まわしようせつ	すみ肉溶接で部材の端部を回して溶接すること
193	ミグ溶接	みぐようせつ	アルゴン（不活性ガス）を使って行う自動または半自動溶接
194	ミクロ組織	みくろそしき	肉眼で見えない微細な金属組織（顕微鏡組織）
195	ミクロンフィルタ	みくろんふぃるた	防塵マスクに取付けて，粉じんを吸入しないようにする
196	耳栓	みみせん	騒音に対する保護具
197	目違い	めちがい	母材間の基準面同士が食い違っていること
198	毛管現象	もうかんげんしょう	狭い隙間や細い管に液体が自然に浸透すること

や行

No.	用語	ひらがな	内容，意味
199	焼割れ	やきわれ	炭素の多い鋼板が急冷されると硬化して割れがはいる現象
200	融合不良	ゆうごうふりょう	溶接境界面が互いに十分溶け合っていない欠陥
201	融接	ゆうせつ	圧力を加えないで母材を溶かして溶接する方法
202	溶加材	ようかざい	溶接中に溶かして溶融池に入れる金属（材料）
203	溶加棒	ようかぼう	棒状の溶加材
204	溶接	ようせつ	2つ以上の材料を部分的に一体化する接合
205	溶接記号	ようせつきごう	溶接を図によって指示するための記号
206	溶接機外箱の接地	ようせつきそとばこのせっち	溶接機の外箱をあるいは機械類を地中へ接続すること
207	溶接金属	ようせつきんぞく	溶接部の一部で，溶接中に溶融凝固した金属
208	溶接材料	ようせつざいりょう	溶接棒やシールドガス等消耗材料の総称
209	溶接指示書	ようせつしじしょ	溶接の仕方が具体的に書かれている命令書
210	溶接性	ようせつせい	溶接の「しやすさ・しにくさ」の度合いを意味する用語で，良好な溶接継手が得られる能力評価に使われる
211	溶接施工要領書	ようせつせこうようりょうしょ	溶接製品の品質を確保するために必要なことを具体的に書いた溶接施工の基準書
212	溶接線	ようせつせん	ビートや溶接部を線として表すときの仮定線

No.	用語	ひらがな	内容，意味
213	溶接速度	ようせつそくど	溶接ビートを置くときの毎分の速度（cm/分）
214	溶接継手	ようせつつぎて	溶接される継手または溶接された継手
215	溶接電流	ようせつでんりゅう	溶接に必要な熱を与えるために流す電流
216	溶接入熱	ようせつにゅうねつ	ビート長さ1cmに与えられた電気エネルギー
217	溶接ヒューム	ようせつひゅーむ	溶接又は切断時の熱によって，蒸発した物質が冷やされて固体の微粒子になったもの
218	溶接部	ようせつぶ	溶接金属と熱影響部を合わせた部分の呼び方
219	溶接棒径	ようせつぼうけい	被覆アーク溶接棒では心線の直径
220	溶接棒の乾燥	ようせつぼうのかんそう	ブローホールや水素割れを防ぐために，乾燥炉で溶接棒の水分を乾燥させる
221	溶接棒ホルダ	ようせつぼうほるだ	溶接棒をつかんで，電流を流すための器具
222	溶接ワイヤ	ようせつわいや	自動，半自動溶接で使われるコイル状のワイヤ
223	溶接割れ	ようせつわれ	最も悪い欠陥で，発生原因や発生場所でたくさんの名称が付けられている
224	溶着金属	ようちゃくきんぞく	溶加材から溶接部に移行した金属
225	溶滴	ようてき	ワイヤ先端から母材に移行する溶けた金属粒
226	溶滴移行	ようてきいこう	溶滴が溶融池へ向かって移動すること
227	溶融速度	ようゆうそくど	単位時間に溶接棒又はワイヤが溶ける速さ
228	溶融池	ようゆういち	アーク等の熱によってできた溶融金属の溜まり（プール）
229	溶融部	ようゆうぶ	溶接部の中で，母材が溶けたところ
230	予熱	よねつ	溶接する前に母材に熱を加えること
231	余盛	よもり	必要な寸法以上に盛り上がった溶接金属

ら 行			
No.	用語	ひらがな	内容，意味
232	ライムチタニア系溶接棒	らいむちたにあけいようせつぼう	アークの吹き付けがソフトで，溶込みはやや浅いがアンダカットができ難く広く使われている溶接棒の分類の1つ
233	リモートコントローラ	りもーとこんとろーら	手元のダイヤルで電流・電圧を遠隔で操作できる装置
234	理論のど厚	りろんのどあつ	設計計算上用いる溶接金属の寸法
235	ルート	るーと	接合部の根元や底の部分をいう
236	ルート間隔	るーとかんかく	溶接継手のルートとルートの間隔
237	ルート面	るーとめん	突合せ溶接継手のルート高さの面
238	ルート割れ	るーとわれ	溶接のルートから発生する割れ
239	レーザービーム溶接	れーざーびーむようせつ	レーザー光のエネルギーを利用する溶融溶接
240	レ型開先	れがたかいさき	レ字形の溝をもった溶接継手

241	ろう	ろう	融点が450℃以上の溶材でろう付けに使う
242	ろう接	ろうせつ	はんだ付けとろう付けの総称

わ 行			
No.	用 語	ひらがな	内容，意味
245	ワイヤ送給装置	わいやそうきゅうそうち	溶接用ワイヤを自動的に送る装置

引用文献

　次に記載した文献は，著作者のご理解とご協力をいただき引用した文献のご紹介です。ここに明記し，深く，感謝の意を表します。

新版　JIS 半自動溶接　受験の手引き
　　　（一般社団法人日本溶接協会　出版委員会編　産報出版）

新版　溶接・接合技術入門
　　　（一般社団法人溶接学会編　産報出版）

職種別技能実習テキスト　溶接
　　　（公益財団法人国際研修協力機構　作成委員会編）

職種別教材作成作業部会委員　溶接

執筆者

井上光治　　独立行政法人高齢・障害・求職者雇用支援機構
　　　　　　　　兵庫職業能力開発促進センター　機械系職業訓練指導員

頃末　寛　　大阪富士工業株式会社　MC 事業本部
　　　　　　　　技能教育センター　顧問
　　　　　　　一般社団法人日本溶接協会　教育委員会委員
　　　　　　　一般社団法人日本溶接協会関西地区検定委員会委員・監事

寺田昌之　　独立行政法人高齢・障害・求職者雇用支援機構
　　　　　　　　兵庫職業能力開発促進センター　機械系職業訓練指導員
　　　　　　　一般社団法人日本溶接協会　容認認証管理委員会委員
　　　　　　　一般社団法人日本溶接協会　教育委員会委員
　　　　　　　一般社団法人日本溶接協会　関西地区検定委員会委員・幹事

技能実習レベルアップ シリーズ　1

溶接

2019年11月　初版
2022年9月　初版2刷
2024年3月　第2版

発行　公益財団法人 国際人材協力機構　教材センター
〒108-0023　東京都港区芝浦2－11－5
五十嵐ビルディング11階
TEL：03-4306-1110
FAX：03-4306-1116
ホームページ　https://www.jitco.or.jp/
教材オンラインショップ　https://onlineshop.jitco.or.jp

技能実習レベルアップ　シリーズ　既刊本

	職　　種	定　価
1	溶接	本体：3,300円＋税
2	機械加工（普通旋盤・フライス盤）	本体：2,700円＋税
3	ハム・ソーセージ・ベーコン製造	本体：3,100円＋税
4	塗装	本体：2,900円＋税
5	婦人子供服製造	本体：3,300円＋税
6	食鳥処理加工	本体：3,300円＋税
7-N	水産加工食品製造（生食用加工品）	本体：1,800円＋税
8	機械加工（数値制御旋盤・マシニングセンタ）	本体：4,000円＋税

　シリーズは順次，拡充中です。最新の情報は，「JITCO 教材オンラインショップ」（https://onlineshop.jitco.or.jp）で確認してください。